"十三五"高等职业教育规划教材

单片机应用技术实训指导

赵旭辉　主编

中国铁道出版社有限公司
CHINA RAILWAY PUBLISHING HOUSE CO., LTD.

内 容 简 介

本书内容包括了认识实验板、流水灯实验、数码管显示实验、矩阵键盘实验、定时器与中断实验、数据存储实验、LCD显示实验、AD与DA实验以及实时时钟显示实验、温度传感器使用实验等十个实训项目，涵盖了单片机应用技术课程中的全部教学内容。为了便于开展实践，每个项目都按照项目目标、项目原理与内容、项目考核、项目成绩等环节进行内容安排，便于读者在操作之前进行学习思考，以及教师对实训效果进行评价及课后总结。

本书面向高职层次的教学应用，既可以作为单片机应用技术课程附属配套实训指导书，也可独立使用，作为实践操作参考资料。

图书在版编目（CIP）数据

单片机应用技术实训指导/赵旭辉主编．—北京：中国铁道出版社，2016.8（2023.8重印）

"十三五"高等职业教育规划教材

ISBN 978-7-113-22019-8

Ⅰ．①单… Ⅱ．①赵… Ⅲ．①单片微型计算机-高等职业教育-教材 Ⅳ．①TP368.1

中国版本图书馆CIP数据核字（2016）第208299号

书　　名	：单片机应用技术实训指导		
作　　者	：赵旭辉		
策　　划	：祁　云	编辑部电话：（010）63549458	
责任编辑	：祁　云　鲍　闻		
封面设计	：付　巍		
封面制作	：白　雪		
责任校对	：王　杰		
责任印制	：樊启鹏		

出版发行：中国铁道出版社有限公司（100054，北京市西城区右安门西街8号）

网　　址：http://www.tdpress.com/51eds/

印　　刷：北京铭成印刷有限公司

版　　次：2016年8月第1版　2023年8月第3次印刷

开　　本：787 mm×1 092 mm　1/16　印张：6.75　字数：114千

书　　号：ISBN 978-7-113-22019-8

定　　价：16.00元

前 言

FOREWORD

本书深入贯彻落实党的二十大精神，"必须坚持科技是第一生产力、人才是第一资源、创新是第一动力，深入实施科教兴国战略、人才强国战略、创新驱动发展战略，开辟发展新领域新赛道，不断塑造发展新动能新优势"。"单片机应用技术"是一门充满了实践乐趣的课程，离开了实践的学习是纸上谈兵，只有结合实践的学习才会达到事半功倍的效果。

本书以技能训练为主线，侧重于MCS-51单片机的应用、训练和开发的全过程。本书共安排10个项目：主要包括认识实验板、流水灯实验、数码管显示实验、矩阵键盘实验、定时与中断实验、数据存储实验、AD与DA接口实验、LCD显示实验、实时时钟显示实验以及温度传感器使用实验等。本书为《单片机应用技术》教材的配套实验资料，通过实验强化学生的理论知识学习，使学生能够全面掌握单片机应用开发的整个过程，并对开发过程中经常使用的键盘、数码管、定时、中断，以及常用的器件等有充分的认识，为学生进一步开展创新实践奠定扎实基础，有助于学生最终将理论知识转化为实践能力。

本教程中十个实验项目的主要内容及学时安排如下表所示。

序 号	项 目 名 称	主要项目内容	建议学时安排
1	项目一 认识实验板	认识了解实验板，学会看电路图	2
2	项目二 流水灯实验	掌握并行口控制流水灯的原理	2
3	项目三 数码管显示实验	掌握使用数码管进行数据显示	4
4	项目四 矩阵键盘实验	掌握矩阵键盘的操作与显示	4
5	项目五 定时与中断实验	掌握定时与中断的应用	4
6	项目六 数据存储实验	掌握 I^2C 总线及其应用方法	4
7*	项目七 AD 与 DA 接口实验	学习掌握 PCF8591 芯片的应用	4
8*	项目八 LCD 显示实验	学习掌握 LCD 的使用方法	4
9*	项目九 实时时钟显示实验	学习掌握 DS1302 的应用方法	6
10*	项目十 温度传感器使用实验	学习掌握 DS18B20 的应用方法	6

注：带*的项目可根据学生状况及课程安排适当取舍。

为了更好地促进实践，本教程中每个项目均包括项目目标，项目原理与内容、项目考核等环节，在项目最后还附带了项目成绩表，方便教师进行项目考核。为了方便师生记录项目实验过程，每个项目后还提供了项目日志。本书最后附有图形符号对照表。

本书由赵旭辉任主编。佟月、修朝晖、徐晓文、祝新茗等同学对部分实验代码进行了检验。本书的编写得到了珠海手创电子科技有限公司的大力支持，在此一并表志感谢。

由于时间关系，加之编者水平有限，书中疏漏与不妥之处在所难免，敬请大家谅解并提出宝贵意见！

编 者

2023年8月

目 录

项目一

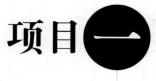

认识实验板

项目目标

（1）全面了解实验板的模块构成及布局。

（2）全面掌握流水灯模块、LED模块、数码管模块、键盘模块的电路原理。

（3）全面掌握程序的下载方法。

项目原理与内容

1. 实验板的外观与整体布局

本实验板包含了发光二极管、矩阵键盘、数码管、8×8 LED点阵、A/D和D/A转换模块、E²PROM、继电器、蜂鸣器、光敏电阻器、热敏电阻器、红外遥控、激光计数等模块。此外，还可以外接1602和12864液晶屏、步进电机、直接电机、温度传感器等模块。具体连接位置及布局如图1-1所示。

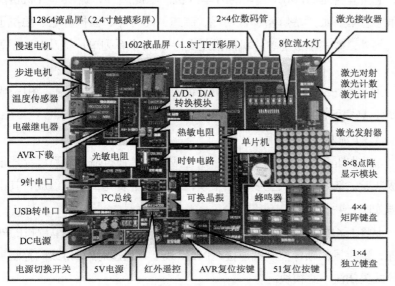

图1-1　实验板的整体外观与布局

2. 主要模块的电路原理图

（1）电源模块

实验板的电源采用5 V电源供电，电路原理图如图1-2所示，其中BT1为DC端子，可通过直流5 V电源为实验板供电，P2为排针引出的供电接口，可以使用5V直流电源供电。

在实验时可以通过USB线直接连接到计算机的USB接口上取电。注意使用这种方式时要通过开关进行切换，切换开关的位置如图1-2所示。

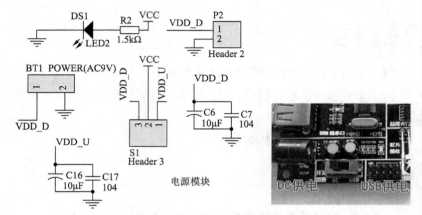

图1-2　电源模块仿真原理图及电源切换开关

（2）单片机模块

单片机模块是整个实验板的核心。本实验板采用的单片机是STC公司生产的89C5XX单片机做为核心控制芯片，它是一款性价比非常高的单片机，它完全兼容ATMEL公司的51单片机。除此之外，这款单片机自身还有很多特点，如无法解密、低功耗、高速、高可靠、强抗静电、强抗干扰等。另外，本实验板的单片机插槽还支持STC全系列单片机及AVR系列单片机。

通过图1-3，可知单片机的P0口和P1口都连接了上拉电阻。图1-3中的Y1即为晶振所在位置。

（3）流水灯模块

流水灯是实验中比较重要的一个组成部分，通过流水灯可以完成很多初级实验。流水灯模块主要由一个锁存器和八个发光二极管组成，其电路原理如图1-4所示。

从图1-4中可以看到流水灯模块中通过一个74HC573与单片机的P0口相连，锁存器的锁存控制端连接在P12口线上，通过对P12口线的控制可以打开或关闭流水灯模块。

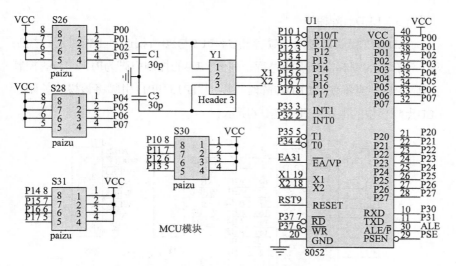

图1-3 MCU模块电路原理

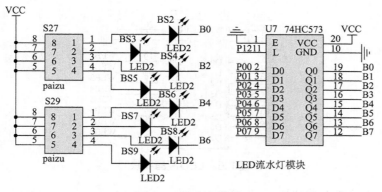

图1-4 流水灯模块

（4）键盘模块

键盘模块由独立键盘和矩阵键盘两个部分组成。4×4矩阵键盘连接在单片机的P2口上，行线为P20、P21、P22、P23，列线为P24、P25、P26、P27。同时独立键盘也使用了P24、P25、P26、P27这四条口线，因此独立键盘与矩阵键盘不能同时使用。键盘模块的电路原理如图1-5所示。

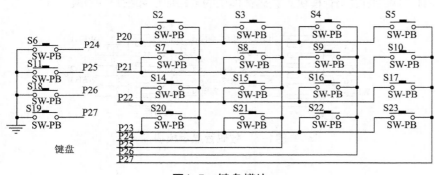

图1-5 键盘模块

（5）LED点阵模块

LED点阵模块通过两个锁存器U4和U9与P0口相连。工作时通过控制两个锁存器的锁存端分别传送行、列值。U4的控制引脚为P13，U9的控制引脚为P11。当不使用LED点阵时可以通过P13和P11引脚将该模块关闭。LED点阵模块的电路原理如图1-6所示。

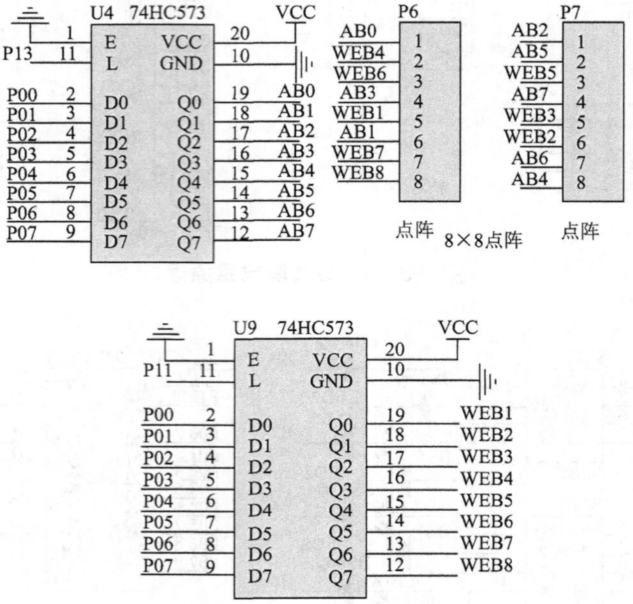

图1-6　LED液晶模块

（6）数码管模块

数码管是单片机中重要的人机交互途径，很多简单实验的输出结果都是通过数码管来显示的。本实验板中的数码管模块通过两个锁存器U8和U9与P0口相连。通过切换U8和U9分时开启，达到只用一个P0口实现8位数码管的动态显示。U8的控制锁存引脚为P10，U9是数码管模块和LED模块共用的锁存器，其控制锁存引脚为P11。当不使用数码管时可以通过P10和P11口线关闭数码管模块。数码管模块的电路原理如图1-7所示。

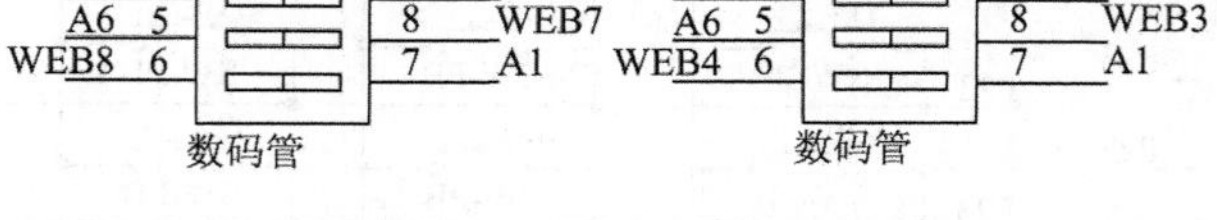

图1-7　数码管显示模块

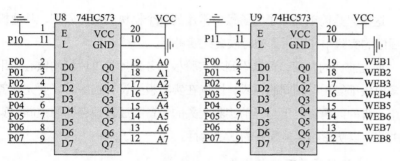

图1-7　数码管显示模块（续）

（7）USB转串口模块

目前大多数计算机中已经很少存在串口，通常都使用USB接口。故实验板中特殊设定了一个USB转串口的模块，通过USB接口来模拟串口的工作。其电路原理图如图1-8所示。

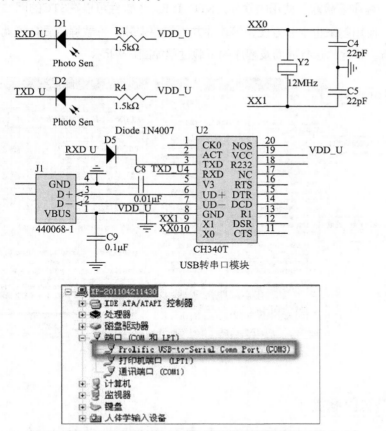

图1-8　USB转串口模块及安装驱动后的串口显示情况

第一次使用实验板时必须安装驱动程序。驱动程序安装完成后，在计算机的设备管理器中即可看到（见图1-8）。这里模拟出来的串口也是后面下载程序时要用到的串口端口。

这里只是简单介绍了实验板中常用的几个模块的电路原理，其他模块在后续的实验中在应用到的时候会继续讲解。

通过前面的介绍，可以看到本实验板充分发挥了单片机的核心作用，很多模块都复用了相同的引脚，所以在实验板上设计程序时，要充分考虑利用引脚的问题。对于与当前实验无关的设备要通过锁存器的控制引脚将其关闭，以防影响实验程序的正常运行。

3. 实验程序的下载与烧录

写好的单片机程序要下载到单片机内部才可以运行，这一过程也有人称为烧录。传统的单片机烧录过程相当复杂，需要借助专业的设备才能进行。本实验板采用的STC系列单片机支持ISP，可以通过串口，使用烧录程序直接下载到单片机中，如同复制一个文件一样简单。

程序下载需要使用的软件是STC-ISP。该软件可以在STC的网站下载到。使用起来也十分方便，该软件并不需要安装，下载解压后直接就可以运行，软件的运行界面及程序的下载过程如图1-9所示。

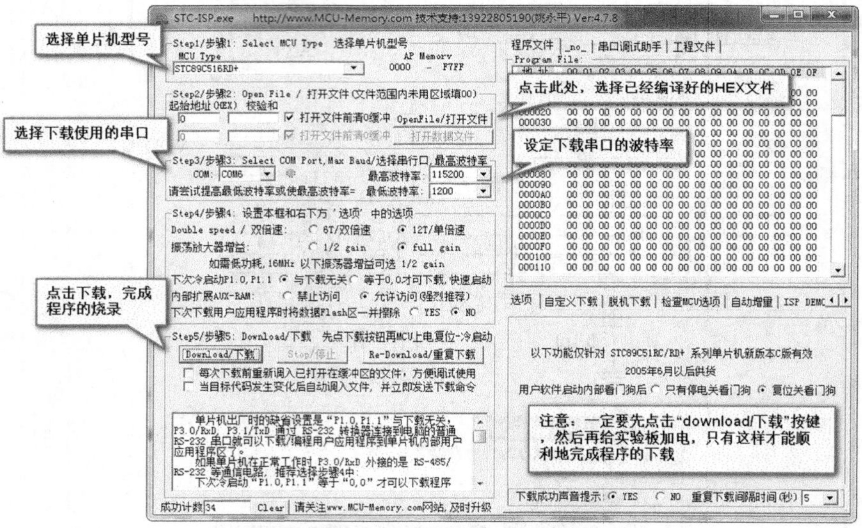

图1-9　使用STC-ISP进行程序下载

项目考核

1. 仔细阅读实验板的电路原理图，对照原理图完成下列各题：

（1）数码管模块的段选开关是＿＿＿＿＿＿口线，位选开关是＿＿＿＿＿＿口线。

（2）LED液晶模块的控制主要由＿＿＿＿＿＿个锁存器共同完成，其中_____锁存器是和数码管模块共用的。关闭LED液晶模块就是要将口线和_____口线设为_____。

（3）流水灯模块是通过_____锁存器与_____连接来实现的，要关闭流水灯模块只要将_____口线置为_____即可。流水灯模块除了锁存器和发光二极管以外还有排阻，那么排阻的作用是_____。

（4）使用STC-ISP进行程序下载时，一定要先单击"download/下载"按键，然后再给实验板_____，只有这样才能顺利地完成程序的下载。

（5）实验板的USB转串口模块的驱动程序安装完成后，可以在计算机的_____中，查看到模拟出来的串口名称。

2．仔细阅读实验板的电路原理图，使用C51语言写一个函数，其功能是模拟接收到的参数情况，将与参数对应的模块关闭。请将该函数补充完整。

现设定模块编号：1号——流水灯模块，2号——数码管模块，3号——LED液晶点阵。

```
void  comm(unsigned char mokuai)
{
  switch(mokuai)
  {
    case 1:
    _____(1)_____
    break;
    case 2:
    _____(2)_____
    break;
    case 3:
    _____(3)_____
    break;
  }
}
```

项目成绩

序 号	项目名称	要求及评分标准	分值	项目得分
1	按时出勤	迟到、早退不得分；病事假者不得分	10	
2	实验纪律	带零食、吃零食、打闹、玩手机，以及不听从指导教师要求者不得分	20	

笔记栏

笔记栏

序 号	项目名称	要求及评分标准	分值	项目得分
3	实验诚信	抄袭者不得分，全程未参与小组实验者不得分	10	
4	实验成果	未达到实验目的要求者不得分	60	
		仅部分达到实验目的,酌情扣分（30%以内）		
		其他情况		

项 目 日 志

年　　月　　日　　星期　　　　　　指导教师：

年　　月　　日　　星期　　　　　　指导教师：

项目 二

流水灯实验

项目目标

（1）学习掌握点亮发光二极管的基本工作原理；

（2）掌握简单的C51程序设计、调试方法；

（3）深入理解实验板上的电路原理图；

（4）进一步熟练程序下载烧录的方法。

项目原理与内容

1. 流水灯的电路原理图

流水灯的电路原理如图2-1所示。该模块通过锁存器U7与P0口的八条口线相连。改变P0口的值即可实现流水灯的点亮或熄灭。U7的控制端为P12，通过控制P12可以打开或关闭流水灯模块。八个发光二极管连接了两个排阻，这是为发光二极管做限流保护的。

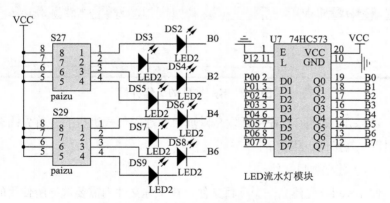

图2-1　流水灯模块的电路原理图

2. 发光二极管点亮的基本原理

本模块中发光二极管点亮的条件是对应的P0口线为低电平，电流通过排阻以及发光二极管灌入单片机中，构成回路，点亮发光二极管。

笔记栏

发光二极管属于电流型器件，随着电流的增加，亮度也会增加，但电流不能过大，否则会烧毁。一般导通的电流应控制在10～20 mA为宜。

3. C51程序的设计与调试方法

使用C51语言操控单片机，非常简单，通过改变特殊功能寄存器的值，就可以改变对应的I/O口的状态。对照图2-1可以看到，当对应的口线为低电平时，即可点亮发光二极管。如果要实现流水灯效果，就需要依次点亮每一个发光二极管，即依次改变P0口的各个状态就可以实现。

C51程序的编写需要使用Keil软件。使用Keil编写C51程序的步骤也很简单。首先双击桌面上的▥图标，即可进入Keil软件的集成开发环境中，如图2-2所示。

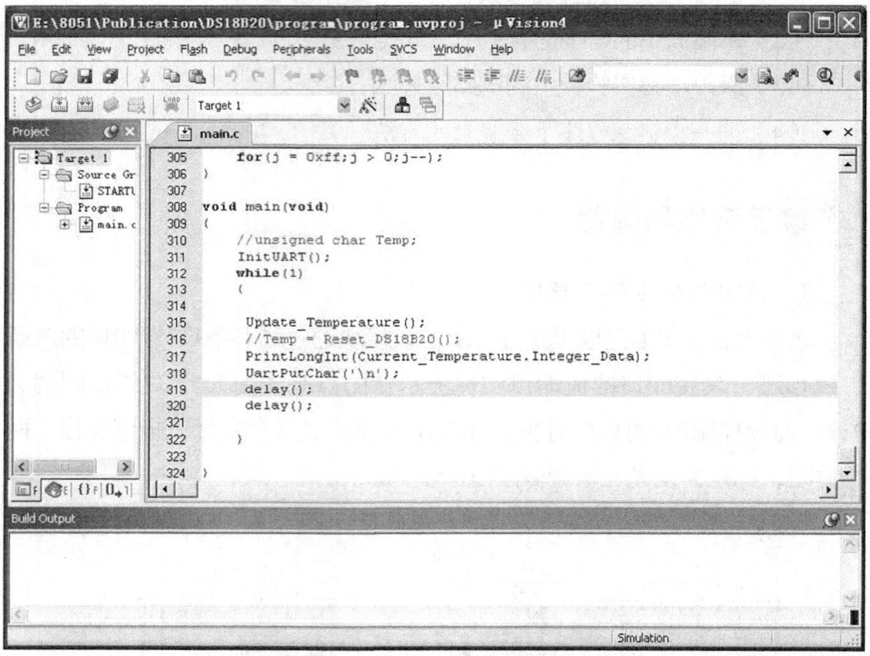

图2-2　Keil软件的工作界面

在Keil中进行C51程序开发是以项目管理的形式进行的，首先需要创建项目。其操作步骤如下：

（1）建立项目文件

使用Keil要先建立一个项目文件，在工程文件内需要选择所使用的单片机型号等内容。具体操作步骤：首先选择Project→New Project命令，出现一个建立项目文件的对话框，导航到指定位置后，输入项目文件名，如图2-3所示。

需要注意的是，为了便于对项目文件的统一管理，一般在建立项目文

件前，应先建立一个新的文件夹，并以项目名来命名此文件夹，随后建立
的项目文件就放在这个文件夹中。

图2-3 建立项目文件

（2）选择单片机

Keil支持400多种以8051为内核的单片机系列，用户根据自己的需要
来选择适合的CPU。因为Keil中并没有STC单片机，且STC单片机完全兼
容标准的51单片机，所以这里以Atmel公司的AT89C51为例，在图2-4图左
侧找到Atmel并单击，拖动滚动条找到AT89C51后单击，此时右侧窗口中
出现的是对该单片机构成特性的一些概要描述。单击下方的OK按钮后会
弹出图2-5所示的提示框，询问是否将标准的80C51启动代码复制到工程所
在的文件夹内，并将这一源程序加入到工程当前中。一般情况下这里要选
择"是"。返回主界面，此时已经建立起了项目文件。

（3）编写C51程序

单击工具栏上的█按钮，在主界面的右侧窗口中出现一个名为Text1
的文本文件，此时不必进行任何输入，直接按工具栏上的█按钮，弹出
Save As对话框，在对话框"文件名"文本框中输入该文件的名称，一定要
注意，这里一定要写上文件的扩展名，即".c"，如图2-6所示。单击"保
存"按钮后，回到主界面，看到原来的Text1已经变成刚刚命名的C51文件
了。光标在第一行位置闪烁，等待输入程序信息。此时本编辑窗口可以识
别C51的语法，并进行着色显示，接着就可以输入程序内容，输入完成后
再次单击█按钮，完成文件保存。

因为前面已经为项目建立了专门的文件夹，所以这里保存的C51文件
会默认保存到刚刚建立的项目文件夹中。

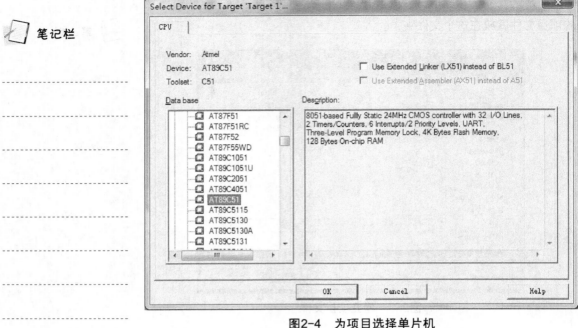

图2-4　为项目选择单片机

图2-5　询问是否加入80C51标准启动代码

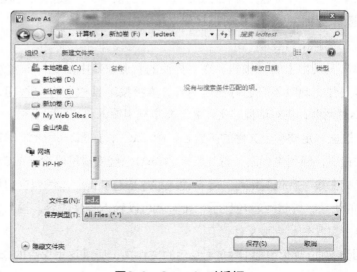

图2-6　Save As对话框

（4）编译C51程序

保存好的C51程序要加入工程中才可以进行编译。选择工作界面左侧窗格中Target 1包含的Source Group 1，右击，在弹出的快捷菜单中选择Add Files to Group 'Source Group 1'命令，如图2-7所示。出现Add Files to Group 'Source group 1'对话框，软件会自动导航到刚刚保存过的led.c文件，单击Add按钮后，完成文件添加。单击Close按钮退出，如图2-8所示。

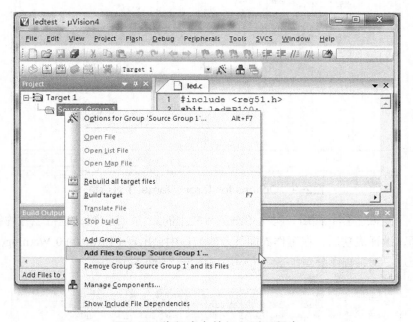

图2-7　将程序文件加入到工程中

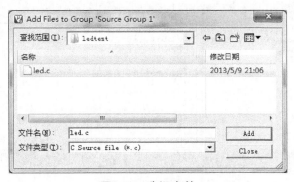

图2-8　选择文件

添加程序文件后，回到主工作界面，此时单击工具栏上的 按钮。会弹出Options for Target 'Targe1'对话框，如图2-9所示。选择Output选项卡，勾选Create HEX File复选框后单击OK按钮。这项操作用于生成可执行代码文件。生成的文件扩展名为".HEX"，将生成的文件上传到单片机中，可以进行单片机的控制。

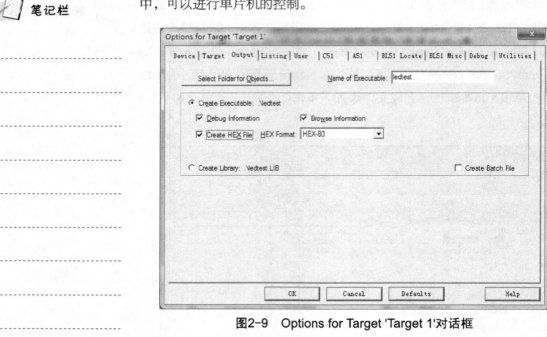

图2-9　Options for Target 'Target 1'对话框

返回工作界面后，再次单击工具栏上的 ▦ 或 ▦ 按钮，进行工程的编译，编译成功后，在工作界面下方的窗口中会出现0 Error (s),0 Warning(s)字样，表示程序编写正常，工程编译通过，如图2-10所示。

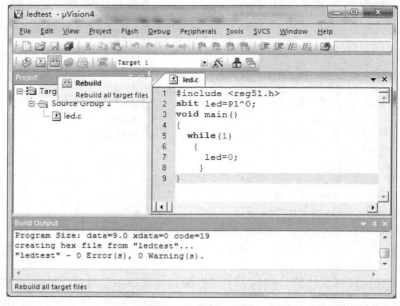

图2-10　编译工程

至此一个C51程序的建立操作即完成了。

前面已经分析过要实现流水灯效果必须依次改变P0口的各个口线状态，比较简单的方法是使用数组，先将流水灯依次点亮时P0口中各口线的状态值记录下来，然后通过循环，就可以实现依次改变了。本实验中可定义数组为：

```
unsigned char code disp[8]={0xfe,0xfd,…,0x7f};
```

然后通过循环来使用P0口依次等于数组中的每个元素。为了能够清楚地看到发光二极管的闪烁，在P0每次改变状态时，要适当地暂停一下，这可以通过延时函数实现。思路如下：

```
for(i=0;i<8,i++)
{
  P0=disp[i];
  delay(50);
}
```

程序编写完成后，一定要进行编译。即使编译完全通过，在实验板中也未必能实现预期目的。所以任何程序都需要反复调试，只能充分调试，在各种情况下才能实现预期目的。

在Keil中调试程序，非常方便。当程序编写完成后，单击工具栏上的图标，会出现程序调试窗口，如图2-11所示。

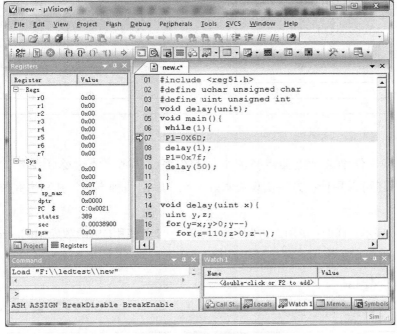

图2-11　程序调试窗口

工具栏上的和就分别表示单步执行和跳过函数继续执行。配合这

笔记栏

两个工具按钮以及菜单上的peripherals项，并选择需要观察的端口，就能轻松实现程序的调试。

4. 下载程序，并观察实验结果

使用STC-ISP将编写的程序下载到实验板中，观察实验效果。如果未能实现预期效果，需要重新调试程序，再次下载，观察实验效果。这个过程在项目开发中是多次重复进行的。

项目考核

1. 请大家按照项目内容中的分析，补充完整点亮流水灯的程序代码，并下载到实验板中。

```
#include <reg51.h>
#define uchar unsigned char
uchar code disp[8]={0xfe,_____};
uchar  i;
void  delay(uchar  ms)
{


}
void main()
{
  while(1)
  {



  }
}
```

2. 仔细阅读上面点亮流水灯的程序，思考一下，除了给定的方法，还可以用什么方法实现流水灯，至少举出两种方法，并写出完整程序代码。

提示：（1）使用二进制的位运算；（2）使用C51函数库中的_crol_或_cror_函数。

代码1：

代码2：

项目成绩

序号	项目名称	要求及评分标准	分值	项目得分
1	按时出勤	迟到、早退不得分；病事假者不得分	10	
2	实验纪律	带零食、吃零食、打闹、玩手机，以及不听从指导教师要求者不得分	20	

笔记栏

序号	项目名称	要求及评分标准	分值	项目得分
3	实验诚信	抄袭者不得分，全程未参与小组实验者不得分	10	
4	实验成果	未达到实验目的要求者不得分	60	
		仅部分达到实验目的，酌情扣分（30% 以内）		
		其他情况		

项 目 日 志

年　　月　　日　　星期　　　　　　　指导教师：

年　　月　　日　　星期　　　　　　　指导教师：

项目 三

数码管显示实验

项目目标

（1）学习掌握数码管的基本工作原理；
（2）掌握共阴、共阳数码管的静态显示和动态显示方法；
（3）深入理解实验板上数码管模块的电路原理图；
（4）进一步熟练程序下载烧录的方法。

项目原理与内容

1. 数码管的工作原理

数码管也叫七段数码管、八段数据管，它是由八个发光二极管组成，其中七个长条形的发光二极管排列成中文"日"字形状，另一个小圆点在右下角作为小数点使用。其结构示意见图3-1所示。这种组合可以显示0~9十个数字以及部分英文字母。

图3-1　七段数码管

七段数码管有共阴极和共阳极两种类型。共阴极数码管中各发光二极管的阴极共地，当某个发光二极管的阳极为高电平时，该发光管点亮。共阳极数码管正好与之相反，是所有阳极接在一起，当某个发光二极管的阴极为低电平时，该发光管点亮。其内部电路原理如图3-2所示。

使用七段数码管时，只需要将单片机的一个并行口与数码管的8个引

笔记栏

脚相连即可。8位并行口输出不同的字节数据会使数码管呈现出不同的显示状态。通常将控制数码管显示内容的8位字节数据称为段选码。不同的段选码对应不同的数码显示。共阳极与共阴极的段选码正好互补，见表3-1。

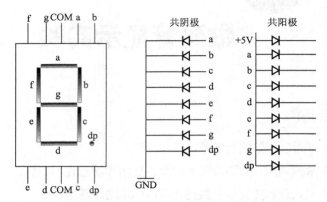

图3-2　数码管的内部电路和外部引脚

表3-1　七段数码管的段选码

显示字符	各段控制信号（gfedcba）			
	共阳极	十六进制	共阴极	十六进制
0	1000000	40H	0111111	3FH
1	1111001	79H	0000110	06H
2	0100100	24H	1011011	5BH
3	0110000	30H	1001111	4FH
4	0011001	19H	1100110	66H
5	0010010	12H	1101101	6DH
6	0000010	02H	1111101	7DH
7	1111000	78H	0000111	07H
8	0000000	00H	1111111	7FH
9	0010000	10H	1101111	6FH

注：表中未涉及dp段的状态。

除了单个的数码管以外，还有一种多个数码管连在一起（abcdefg以及dp端分别连接在一起，公共端分别控制）的叫作数码管模块，如图3-3所示。数码管模块在日常生活中应用较多，其显示原理与单个数码管的原理相同，仍然通过abcdefg及dp引脚控制数码管的显示内容，而哪一个数码管的公共端被选通则对应的数码管点亮。这里面将决定数码管显示内容的abcdefg及dp引脚的控制信号称为段选码，段选码决定显示内容。而将各个数码管的公共端的选通信号称为位选码，位选码决定了哪一个数码管显示。

2. 数码管的动态显示和静态显示

所谓数码管的静态显示就是指内固定的端口输出段选码，另一个端口固定地输出位选码，即每一个数码管的段选与位选均由不同的端口控制。静态方式下数码管显示明亮稳定，编程控制简单。但是如果显示的数码管较多，则需要控制的端口和硬件数量也较多、成本过高是其主要缺点。

另一种显示方式是动态显示，动态显示时只需要使用一个固定的端口，通过锁存器等器件就可以实现端口的分时复用，极大地节省了硬件开销，是常用的数码管显示方式。这种方式下硬件使用较少，但程序设计相对复杂。本实验板上的数码管模块即为动态显示。其模块连接及工作原理如图3-3所示。

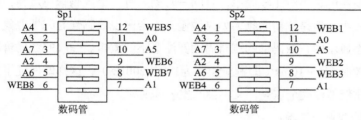

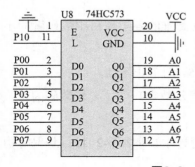

图3-3 数码管显示模块

实验板上数码管的动态显示原理：本实验板上共有8个数码管，借助两个锁存器使P0端口分时输出段选码和位选码。这两个锁存器是U8和U9，其中U8为段选控制由P10引脚控制其开关，U9为位选控制由P11引脚控制其开关。如果要使某个数码管显示，必然要经过这样四个步骤：

① 由P0口给出段选码。

② 由P10引脚控制打开U8，使A0～A7的状态与P0口的八个引脚一

致，然后关闭U8，使之进入锁存状态，即切断了与P0的联系，但输出端保持刚才的状态不变。

③ 由P0口给出位选码。

④ 由P11引脚控制打开U9，使A0～A7的状态与P0口的八个引脚一致，然后关闭U9，使之进入到锁存状态，即切断了与P0的联系，但输出端保持刚才的状态不变。

如此反复运行，就可以实现数字的动态显示了。

从以上分析可以看出，数码管模块的动态显示就是利用了发光二极管的"辉光效应"，通过动态地改变段选码和位选码，使每个数码管按一定的频率轮流显示，给人一种数码管都点亮了的错觉。

数码管进行动态显示时，所有数码管的段选线都连接在一起而位选线分离，通过控制位选线的变化，快速点亮刷新。因为所有的段选线都连在一起，硬件电路相对比较简单，且同一时刻只有一个数码管在点亮，所需电流也较小。但是刷新的频率如果较慢，就会出现数码管的闪烁现象。所以在动态显示中，数码管的刷新周期要注意不要太短。一般的数码管刷新周期应控制在5～10ms（即刷新频率为100～200Hz），这样即保证了数码管每次刷新都被完全点亮，又不会产生闪烁现象。

实验要求与步骤：

（1）实验要求

本实验项目包含三个子项目，由易到难的各子项目中数码管的不同显示方式。

① 使实验板最右侧数码管显示数字5，且静止不动。

② 使实验板最右侧的数码管依次显示数字1～8。要求数码闪烁，周而复始。

③ 使用动态显示方法使全部数码管显示数字20142015，且保持稳定显示。

（2）实验步骤

① 分析电路原理图，从图中掌握数码管的极性、连接方式，知晓其控制方法。

通过查阅实验板说明书，掌握所用数码管的极性，确定是共阴还是共阳。接着研究其连接方式和控制方法。从前面的原理分析，我们已经知道数码管的控制主要由U8和U9两个锁存器控制。其中P10控制锁存器U8，P11控制锁存器U9。数码管的内容及控制信息完全由P0口送出。依据以上分析：

送段选码的方法为：　　　　　　送位选码的方法为：

_____　　　_____

_____　　　_____

_____　　　_____

_____　　　_____

② 数码管的消隐处理。在动态显示时，由于刷新频率较高，可能会产生数码管显示内容乱码现象。处理乱码现象主要通过消隐方式解决。所谓的消隐，就是在数码管显示新数字前，先将数码管清空一下，然后再显示。与送出段选码、位选码的方法一样，在打开锁存器的控制后，由P0口送出一个代码，将全部数码管关闭。

数码管的消隐方法为：

_____

_____

_____

③ 数组的运用。要实现动态显示过程，需将要显示的段选码和位选码以数组方式预先准备好。显示时通过循环依次读取数组内容并送至数码管。

本实验板的数码管为共阴极管。写出数码管动态显示"20152015"时的段选码：

```
unsigned char code tab[]={_____,_____,_____,_____};  //2015的
共阴码
```

④ 编写代码。

⑤ 向实验板烧录代码。

⑥ 观察程序运行效果，反复调试，直至达到预期实验目标。

项目考核

1. 七段数码管由____段发光二极管构成。分为共____极和共____极两类。所谓共____极就是将所有发光二极管的____极都连接在一起，同理，共____极就是将所有发光二极管的____极都连接在一起。

2. 数码管模块也分为共____极和共____极的。数码管模块连接时，所有____码的引脚都是连接在一起的，而____码是分别连接的，当送出____码时，通过控制____码，就会使指定的数码管显示指定的内容了。

3. 数码管的动态显示时，其刷新频率达到____Hz，就不会闪烁了，即每隔____毫秒为一个刷新周期。

4. 补全用动态显示方式显示"20152015"的程序代码。

笔记栏

```
#include <reg51.h>
                    //定义要用到的变量及预定义

                    //定义数组存放2015的共阴的段选码
void delay(uchar ms)      //定义延时函数
{


}
void main( )
{
















}
```

项目成绩

序号	项目名称	要求及评分标准	分值	项目得分
1	按时出勤	迟到、早退不得分；病事假者不得分	10	
2	实验纪律	带零食、吃零食、打闹、玩手机，以及不听从指导教师要求者不得分	20	
3	实验诚信	抄袭者不得分，全程未参与小组实验者不得分	10	
4	实验成果	未达到实验目的要求者不得分	60	
		仅部分达到实验目的,酌情扣分（30%以内）		
		其他情况		

项　目　日　志

年　　月　　日　　星期　　　　　　　指导教师：

年　　月　　日　　星期　　　　　　　指导教师：

笔记栏

项目 四

矩阵键盘实验

项目目标

（1）学习掌握矩阵的基本工作原理；

（2）掌握键盘扫描方法；

（3）深入理解实验板上矩阵键盘模块的电路原理图；

（4）进一步熟练程序下载、调试方法。

项目原理与内容

1. 键盘的基本工作原理

键盘是常用的输入设备，通过键盘可以输入各种控制信息。按键时接口电路把表示键位的编码送入计算机，从而实现操作者输入命令的意图。按获取编码的方式不同，可以将键盘分为编码键盘和非编码键盘两大类。

单片机实验板上的键盘主要用来做简单的数据录入和开关控制作用，是一种非编码式的键盘。用户可以根据自己的需要对每个键位进行功能定义。

独立式键盘是最简单的键盘，也最容易说明其工作原理。通常使用四个I/O口线加上四个按钮构成，其电路原理如图4-1所示。

其工作原理是利用单片机的I/O口既可以作为输入也可以作为输出的特性来实现的。当检测按键时，使用的是输入功能，按键的一端接地，另一端与某个I/O口线相连。检测时开始先给该I/O口赋为高电平，这使用的是输出功能，然后让单片机不断地检测该I/O口的电平状况，这使用的又是输入功能。如果某个键位按下就相当于与之相连的I/O口线直接接地，此I/O口的电平迅速变为低电平，一旦系统检测到这个低电平，就意味着用户按下了该键位。

2. 按键抖动产生的原因与去抖的工作原理

单片机系统中键盘的按键通常使用弹性按键开关、贴片式按键开关或自锁式按键开关等。

　　当弹性按键开关按下时，开关闭合；松开时，开关断开。弹性按键开关利用的是机械触点的闭合与断开来实现信号的输入，由于机械触点的弹性作用，在按键闭合与断开的瞬间并不会立即实现闭合或断开，而是有一小段时间的"颤抖"，这个现象称为按键的抖动，如图4-2所示。这个"抖动"时间长短与开关的机械特性有关，一般为5～10ms。这个抖动的时间虽然短暂，但对于CPU时间却是足够长的，会产生键识别判断上的错误，因此必须"去抖"。

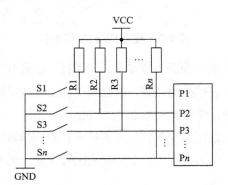

图4-1　独立式键盘原理

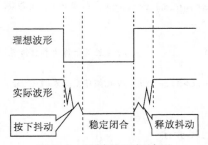

图4-2　按键的理想波形

　　常用的去抖方法有两种方法：一种是使用RS触发器去抖电路的硬件方式，另一种是使用延时程序（函数）的软件去抖方法。硬件去抖方式需要增加硬件，不仅提高了成本，而且设计上也会变得复杂，其去抖原理如图4-3所示。当键位按下离开A点接触到B点时，由于机械作用，会产生颤抖，颤抖时触点会离开B点，但不会接触A点。当开关与B点接触时，A点获得了高电平，即与非门的输入为1，与非门的特点是"有1出0"，即输出为低电平0。而这个输出又连接到下方的与非门，即下方的与非门有一个输入为0，依据其"有0出1"的特点，下方与非门输出为"1"，这个"1"又连接到上方与非门的输入，满足"有1出0"，所以输出为稳定的低电平。当B点出现抖动时，只要A点未发生变化，并不影响整体输出的状态，因此达到了去抖的目的。

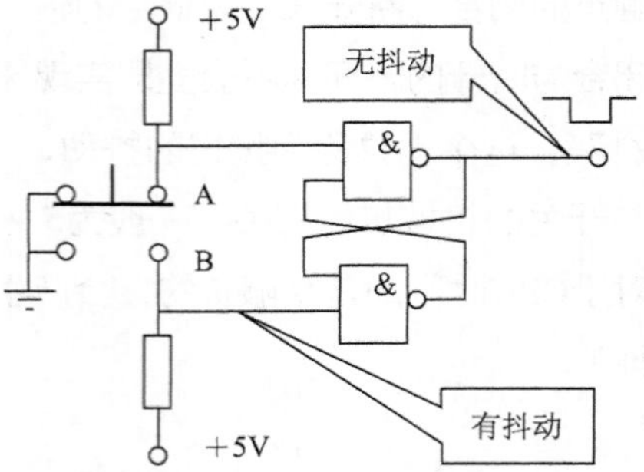

图4-3　使用RS触发器去抖

软件去抖的实质在检测到按键后，先执行一段延时子函数，避开抖动的时间，接着再去进行按键检测，以此来达到去除按键抖动的目的。软件去抖无须添加硬件，使用起来也会更加简便。

延时函数的写法比较简单，可以采用带参数的函数形式，这样想延时多长时间就可以延时多长时间，使用起来比较灵活。典型的延时函数如下所示。

```
//声明延时子函数
void  delay(unsigned  int  ms) //参数为int类型，最长时间为65536ms
{
    uchar  c;
    while(ms--)              //这里就是作为参数传送进行的延时的时长
    {
        for(c=120;c>0;c--);  //此循环完成大约是1ms
    }
}
```

3. 矩阵键盘扫描方法

4×4键盘是实验板上最常见的矩阵键盘，每个弹性开关分别放置在行线与列线的交叉处。这种键盘通常占用一个I/O口，I/O口的低4位接在键盘的行线上，高4位接在键盘的列线上。图4-4所示就是矩阵式键盘的连接形式。键盘扫描时，行线上的电平与列线上的初始电平不同，当某个键位被按下时，键位所在的行与列电平会同时变为低电平，这就是矩阵式键盘扫描的主要依据。因为键位较多，扫描起来比较复杂，通常用两种方法，一种是逐行扫描，另一种是行列反转扫描。

（1）逐行扫描法

使用逐行扫描法时，首先CPU对4条行线置0，然后CPU从列线上读入数据，若读入的数据全为1，表示无键按下，只要读入的数据中有一个不为1，则表示有键被按下。

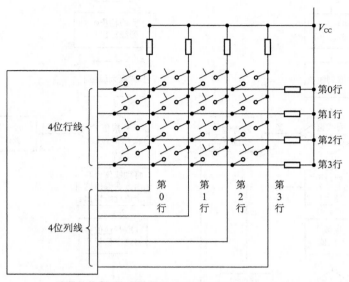

图4-4　矩阵式键盘的连接方式

然后，CPU先使第0行为0，其余3行为1，读入全部列值，若全为1，表示按键不在此行；接着再使第1行为0，其余各行为1，读入全部列，若全为1，表示按键不在此列；然后重复上述步骤。直至第n行为0时，第m列也为0，则表明该按键位于第n行第m列。逐行扫描法的工作流程如图4-5所示。

（2）行列反转法

使用行列反转法扫描时，CPU先向全部行线上输出0，然后读取列线上的电平。若有键被按下，必然有一个列线为低电平。否则表示没有键被按下，不必再进行检测。

若检测到某个列线为低电平之后，则将刚刚得到的列线值再次从列线上输出，然后检测所有行线上的电平，因为有键被按下，必然会得到一个行线为低电平。这时将得到的行线值与列线值组合在一起，即为该按键的编码值。将所有按键的编码值组合成一个表格，以后只要将扫描得到的编码与表格对照就知道哪个键被按下了。行列反转法的工作流程如图4-6所示。

实验要求与步骤：

（1）实验要求

本实验项目要求使用行列反转法进行键盘扫描，并将按键的键位显示在数码管模块中。

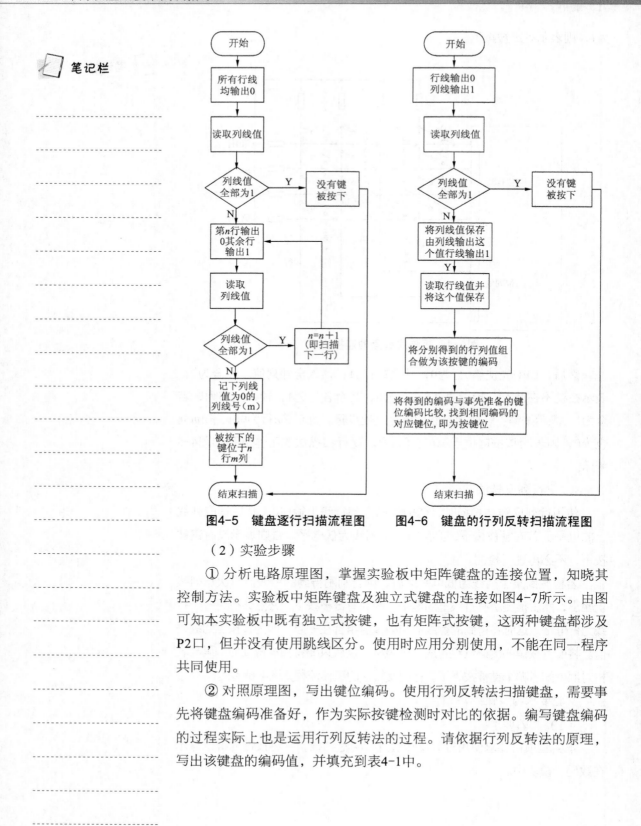

图4-5 键盘逐行扫描流程图　　图4-6 键盘的行列反转扫描流程图

（2）实验步骤

① 分析电路原理图，掌握实验板中矩阵键盘的连接位置，知晓其控制方法。实验板中矩阵键盘及独立式键盘的连接如图4-7所示。由图可知本实验板中既有独立式按键，也有矩阵式按键，这两种键盘都涉及P2口，但并没有使用跳线区分。使用时应用分别使用，不能在同一程序共同使用。

② 对照原理图，写出键位编码。使用行列反转法扫描键盘，需要事先将键盘编码准备好，作为实际按键检测时对比的依据。编写键盘编码的过程实际上也是运用行列反转法的过程。请依据行列反转法的原理，写出该键盘的编码值，并填充到表4-1中。

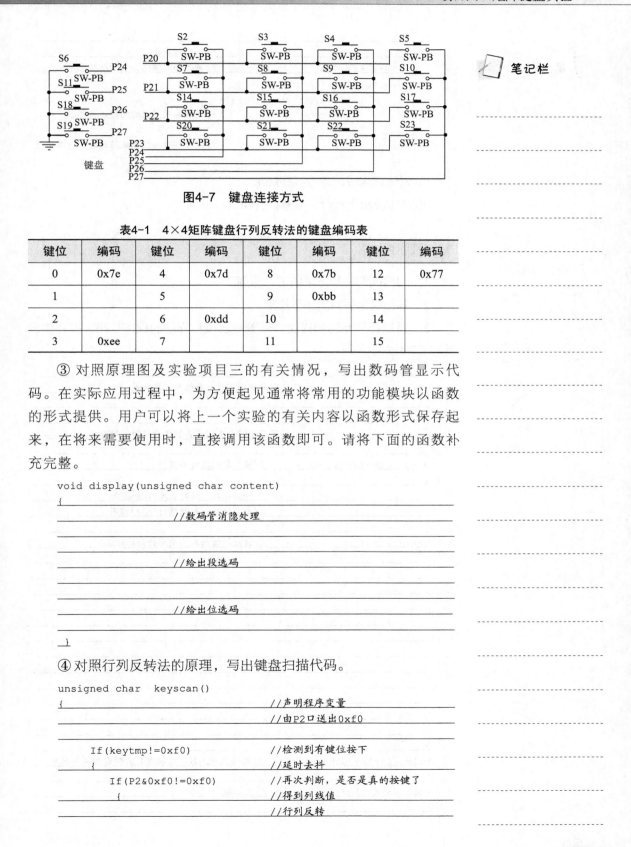

图4-7　键盘连接方式

表4-1　4×4矩阵键盘行列反转法的键盘编码表

键位	编码	键位	编码	键位	编码	键位	编码
0	0x7e	4	0x7d	8	0x7b	12	0x77
1		5		9	0xbb	13	
2		6	0xdd	10		14	
3	0xee	7		11		15	

③ 对照原理图及实验项目三的有关情况，写出数码管显示代码。在实际应用过程中，为方便起见通常将常用的功能模块以函数的形式提供。用户可以将上一个实验的有关内容以函数形式保存起来，在将来需要使用时，直接调用该函数即可。请将下面的函数补充完整。

```c
void display(unsigned char content)
{
                    //数码管消隐处理


                    //给出段选码


                    //给出位选码

}
```

④ 对照行列反转法的原理，写出键盘扫描代码。

```c
unsigned char  keyscan()
{                        //声明程序变量
                         //由P2口送出0xf0

    If(keytmp!=0xf0)     //检测到有键位按下
    {                    //延时去抖
        If(P2&0xf0!=0xf0)    //再次判断，是否真的按键了
        {                //得到列线值
                         //行列反转
```

```
                                    //得到行线值
        Keycode=          ;         //将行和列值组合在一起构成编码
        for(j=0;j<16;j++)
        { if(keycode==table[j])
            return   j;}              //返回编码对应的的键位名称
        }}
    return   0xff;                    //没有按键或按键未抬起时，返回该值
    }
```

⑤ 调试完成后，进行程序烧录。

⑥ 在实验板上运行，观察运行结果。

项目考核

1. 写出硬件去抖方法的工作原理。

2. 写出软件去抖的工作原理。

3. 对照行列反转扫描法，试着写出该扫描法的程序代码。并在实验板上项目检验。

```
#include <reg51.h>
                    //定义要用到的变量、数组及预定义等


                    //定义显示按键要用到的共阴极数码管的段选码

void delay(uchar ms )    //带参数的延时函数，
{
                    //外层循环，延时长度为ms毫秒
                    //内层循环，起到延时1毫秒作用
}
uchar scan( )           //键盘扫描函数，使用行列批转法
{









}
void display(uchar temp)  //数码显示函数，接收参数为键盘扫描的结果
{        }
void main( )            //主函数
{
```

项目成绩

序号	项目名称	要求及评分标准	分值	项目得分
1	按时出勤	迟到、早退不得分；病事假者不得分	10	
2	实验纪律	带零食、吃零食、打闹、玩手机，以及不听从指导教师要求者不得分	20	
3	实验诚信	抄袭者不得分，全程未参与小组实验者不得分	10	
4	实验成果	未达到实验目的要求者不得分	60	
		仅部分达到实验目的,酌情扣分(30%以内)		
		其他情况		

项　目　日　志

　年　　月　　日　　星期　　　　　　指导教师：

　年　　月　　日　　星期　　　　　　指导教师：

笔记栏

项目五

定时与中断实验

 项目目标

（1）学习掌握中断、定时/计数器的基本工作原理；

（2）掌握使用定时扫描键盘的方法；

（3）深入理解实验板上矩阵键盘模块的电路原理图；

（4）进一步熟练程序下载、调试方法。

项目原理与内容

1. 中断机构的组成与控制的基本工作原理

中断是计算机中的一种重要的机制。最初引入中断是出于性能上的考量（主要解决CPU与外围设备之间速度不协调的问题）。随着计算机技术的发展，中断不断被赋予新的功能，现在已经成为CPU实时控制外围设备的一种有效手段，可以方便地用于内、外部紧急事件的处理。

中断是指计算机的CPU在正常工作时，由于内、外部事件或程序的预先安排等引起的CPU暂停当前程序运行，转而去处理引发中断的事件服务程序，并在处理完成后，又返回原程序继续执行的机制。在中断服务程序中去处理引发中断的事件或程序的原因或任务，正是单片机能够完成实时控制的核心所在。

引发中断的事件和程序称之为中断源。51单片机共有5个中断源。它们的符号、名称及产生的条件如表5-1所示。

表5-1　51单片机的中断源及触发条件

自然优先顺序	中断源名称	中　文称　谓	接　入引　脚	触　发　条　件
1	INT0	外部中断 0	P3.2	由低电平或下降沿引发
2	INT1	外部中断 1	P3.3	由低电平或下降沿引发

续表

自然优先顺序	中断源名称	中 文称 谓	接 入引 脚	触 发 条 件
3	T0	定时器 0	P3.4	由 T0 计数器计满溢出引发
4	T1	定时器 1	P3.5	由 T1 计数器计满溢出引发
5	TI/RI	串行口中断	P3.0(RXD) P3.1(TXD)	TXD、RXD 分别为串行口的发送和接收端，中断的触发由串行口一帧字符的发送 / 接收引发

笔记栏

五类中断源分别对应不同的内外部事件，当多个中断源同时被触发时，由中断源的优先级和自然的优先顺序来决定哪一个会被首先响应。一般来讲，高优先级的中断可以打断正在执行的低优先级中断形成中断嵌套；但同优先级的或是低优先级中断不能打断正在执行的中断服务程序。单片机的中断机构组成如图5-1所示。

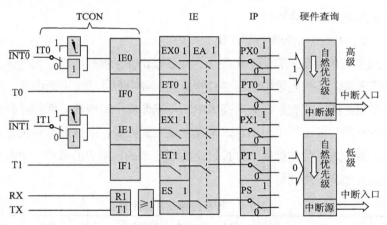

图5-1 单片机的中断机构组成

由图5-1中可以看到，单片机的中断机构主要由与中断源有关的特殊功能寄存器、中断入口、顺序查询逻辑电路等组成。与中断有关的特殊功能寄存器共有4个，分别是中断允许寄存器（IE）、中断优先级寄存器（IP）、定时/计数器控制寄存器TCON（后四位）和串行控制寄存器（SCON）（其中2位）。由它们来控制中断源的类型、中断的开关和确定中断源优先级等。

（1）中断允许寄存器

由图5-1可知中断允许控制寄存器既控制着CPU对所有中断源的总开放或总禁止，还控制着对某个具体中断源的开放或禁止。单片机系统要响应某个中断请求，必须满足两个条件：一个是开放了系统中总的中断控制位（EA），另一个是开放了对应的中断控制位。

中断允许寄存器是8位寄存器，其最高位就是决定CPU是否响应中断请求的总控制位EA，其余每个位均对应一个中断源（D6除外）。IE寄存器的位定义如表5-2所示。

表5-2　IE寄存器的位定义

IE寄存器	D7	D6	D5	D4	D3	D2	D1	D0
位定义	EA	未使用	ET2	ES	ET1	EX1	ET0	EX0
对应的中断源	系统总中断	—	T2	TI/RI	T1	INT1	T0	INT0

注：以上各标志位为1时表示开放该类型中断，为0时表示禁止响应该类型中断。

在C51的头文件中对IE及其中的这些位都预先进行了定义，因此在C51程序中既可以用字节方式，也可以直接使用IE寄存器中的位定义对每一个中断源进行直接控制。

（2）中断优先级寄存器（IP）

51系列单片机只有两个优先级，即通过IP寄存器只能设定为高优先级或低优先级。高优先级中断能够打断低优先级中断以形成中断嵌套，同优先级中断之间，或者是低级对高级中断不能形成中断嵌套。若同时有几个同级中断同时提出了中断请求，又没有设定优先级，则按照自然优先顺序响应，若设定了优先级别，则按设定的顺序来确定响应的顺序。IP寄存器的位定义如表5-3所示。

表5-3　IP寄存器及其位定义

IP寄存器	D7	D6	D5	D4	D3	D2	D1	D0
位定义	未用	未用	PT2	PS	PT1	PX1	PT0	PX0
对应的中断源	—	—	T2	TI/RI	T1	INT1	T0	INT0

注：① 51单片机默认的自然优先顺序为INT0→T0→INT1→T1→TI/RI→T2。
② 以上各位值为1时表示对应的中断源为高优先级，为0表示低优先级。

（3）定时/计数器控制寄存器TCON

TCON是定时/计数器的控制寄存器，它是8位寄存器，其高4位主要用来控制定时器的启停，以及标志定时器的溢出等情况；其低四位是对外部中断的控制位。有关定时器控制部分内容在下面讲解，这里只说明低四位情况。TCON寄存器的位定义如表5-4所示。

表5-4 TCON寄存器对中断控制部分的位定义

TCON	D7	D6	D5	D4	D3	D2	D1	D0
位定义	TF1	TR1	TF0	TR0	IE1	IT1	IE0	IT0
对应的中断源	T1溢出标志	T1启动控制	T0溢出标志	T0启动控制	INT1产生标志	INT1触发设置	INT0产生标志	INT0触发设置

注：① 外部中断0和外部中断1的标志位含义相同，只是对应的中断源不同。

② IT0（IT1）为1时表示负跳变（下降沿）触发中断，为0表示低电平触发中断。

2. 中断服务程序

51单片机复位后，会按设定的程序运行。如果程序设定了TCON、SCON、IP及IE等四个中断控制寄存器，就完成了中断的触发方式、中断的优先级设定及是否允许系统响应中断等设置。

接下来单片机会在每个机器周期都采样各个中断源的请求信号，如果发现有中断请求，就将它们锁存到寄存器TCON或者是SCON的相应位中。在下一个机器周期对采样到的中断请求标志按优先级顺序进行查询。查询到有中断请求标志，则在下一个机器周期按优先级顺序进行中断处理。中断系统会通过硬件，自动将对应的中断入口地址装入单片机的PC计数器中，程序自然转向中断处理程序的入口处继续执行，与此同时也要将原程序的中断地址送入堆栈进行保存，即保存断点。当中断服务程序完成后，再执行一条返回指令，CPU将会把堆栈中保存着的断点地址取出，送回PC计数器，那么程序就会从主程序的中断处继续往下执行。

在中断服务程序中书写的代码就是中断时要完成的实时控制内容。在C51里通过函数的形式来编写中断服务程序，只不过这个函数与普通函数有着很多不同。

作为中断服务程序的函数与普通函数的调用方式也不相同，普通函数需要通过显式的函数名来调用，而中断服务程序是通过中断号来调用的；另外普通函数可以有返回值，而中断服务程序没有返回值；普通函数在使用前需要声明，而中断服务程序并不需要事先声明。

中断服务程序的写法如下：

```
void  函数名( )  interrupt  N  using 工作组
        {
中断服务程序内容
        }
```

此处的interrupt和using是C51的关键字，interrupt表示该函数是一个中断服务函数，N表示该中断服务函数所对应的中断源，中断源与中断编号的对应关系见表5-5。

表5-5　C51程序中断源与中断编号的对应关系

中断源	C51的中断编号
外部中断 0	0
定时 / 计数器 0	1
外部中断 1	2
定时 / 计数器 1	3
串行口	4
定时 / 计数器 2	5

using 工作组是指该中断函数使用单片机内存中4组工作寄存器的那一组，由于C51编译器会自动分配，因此使用C51编写中断函数时这一句通常可以不写。

3. 定时/计数器的构成与基本工作原理

51单片机内部内有两个16位可编程的定时器/计数器，即定时器T0和定时器T1（52系列单片机比51系列单片机多一个定时器T2）。它们既是定时器，也是计数器，通过对特定的控制寄存器设定，可以选择当前启用的是定时器还是计数器。

在单片机内部，定时器和计数器实际上是同一结构。当启用计数器时，他记录的是单片机外部发生的事件数量，是由单片机以外的事件提供计数信号；启用定时器时，记录的是由单片机内部提供的非常稳定的脉冲信号。

51单片机内的定时/计数器的基本结构如图5-2所示。

由图5-2中可以看到定时/计数器T0和定时/计数器T1的结构完成相同，都是由两个8位寄存器（THx和TLx）构成的。这两个16位定时/计数器都是加1计数器。

T0和T1的工作性质是定时还是计数可以通过软件进行设定。软件调控主要由特殊功能寄存器TMOD和TCON来完成。TMOD控制的是定时/计数器的工作方式和功能；TCON控制的是定时/计数器的启动、停止及设置溢出标志。

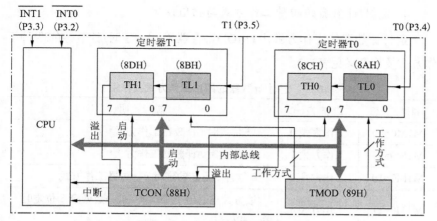

图5-2　单片机定时/计数器结构

（1）工作方式寄存器TMOD

TMOD用来控制定时器的工作方式以及功能的选择，在单片机复位时，会被全部清0。TMOD寄存器的位定义如表5-6所示。

表5-6　TMOD寄存器及其位定义

定时器	T1				T0			
TMOD	D7	D6	D5	D4	D3	D2	D1	D0
位定义	GATE	C/T	M1	M0	GATE	C/T	M1	M0
含义	门控位	功能	工作方式		门控位	功能	工作方式	

注：① 当T1与T0的各个控制位名称相同，含义也相同。

② GATE＝0时由TCON寄存器中对应的TRx控制开关，TRx为1时启动，为0时关闭。

GATE＝1时除了要看对应的TRx位的值以外，还要关注对应的外部中断的情况，只有当对应的外部中断也为1时才能启动，否则关闭。

③ C/T位用来进行功能的选择，决定当前处于定时还是计数状态。

④ M1和M0用来确定定时/计数器的工作方式。

（2）定时/计数器控制寄存器TCON

TCON寄存器的位定义见表5-4。

TCON寄存器的高四位是用来控制定时/计数器的启停以及是否溢出的标志。

TF位为溢出标志位，为1时表示计数已满或定时已到。由系统自动置位，当系统响应该中断后，系统自动清零。

TR位启动控制位，与门控信号GATE共同控制定时/计数器的启停。

4. 定时/计数器的四种工作方式与初值设定

定时计数器的工作方式由TMOD寄存器设定。定时/计数器的四种工作方式及其含义见表5-7。

表5-7 定时/计数器的四种工作方式及作用

M1M0状态	工 作 方 式	说　明
M1M0=00	工作方式 0	13 位定时 / 计数器工作方式
M1M0=01	工作方式 1	16 位定时 / 计数器工作方式
M1M0=10	工作方式 2	8 位自动重装的定时 / 计数器工作方式
M1M0=11	工作方式 3	该方式只适用于 T0，T0 被分成两个 8 位定时器 / 计数器

（1）工作方式0

工作方式0是13位的定时/计数工作方式。这是一种特殊的方式，它是为了兼容上一代单片机而保留下来的。实际上工作方式1完全可以替代这种工作方式。

在工作方式0状态下，由TLx的低5位和THx的8位共同构成了13位计数器。注意TLx的高3位没有使用。

定时/计数器的计数初值公式为

$$THx = (8192 - N)/32 \tag{5-1}$$

$$T5Lx = (8192 - N)\%32 \tag{5-2}$$

式中：N为计数的数量。

（2）工作方式1

工作方式1是最常用的工作方式，其工作原理与工作方式0相似。不同之处在于，工作方式1使用的是16位计数器，TLx和THx的所有位都参与计数。工作方式1的最大计数量是$2^{16} = 65\ 536$。其工作原理与工作方式0相比，只是TL0的8位都参与了计数。

定时/计数器的计数初值公式为

$$THx = (65536 - N)/256 \tag{5-3}$$

$$TLx = (65536 - N)\%256 \tag{5-4}$$

（3）工作方式2

工作方式2是8位自动重装定时器/计数器。在这种工作方式下，只能进行8位定时/计数，因此最大的计数量为$2^8 = 256$。计数时，THx内保存了TLx中放入的原始计数初值，当TLx计满溢出时，对应的TFx会置位并产生中断请求信号。与此同时，由THx自动向TLx中装入保存的计数初值，并重新开始计数，周而复始，直到关闭该定时器/计数器。

定时/计数器的计数初值公式为

$$THx = 256 - N \qquad (5-5)$$

$$TLx = 256 - N \qquad (5-6)$$

（4）工作方式3

工作方式3是T0特有的，当T0工作于工作方式3的时候，会分解成两个独立的8位定时器/计数器。此时T1要么工作于方式2，要么就停止工作，T1没有工作方式3。

其计数初值公式与式（5-5）和式（5-6）相同。

5. 定时扫描键盘的工作原理

实验项目四中对键盘的扫描是在主函数中不断重复进行的，不论键盘是否进行了操作，系统始终在不断地扫描键盘，这给CPU增加了很大的负担。使用定时器控制扫描的频率，可以使CPU在扫描的同时可以完成其他操作，提高CPU的利用效率。

定时器在设定了定时初值并启动，在定时时间到达后自动进入中断，此时再由CPU进行键盘检测。在定时未到达的时刻，CPU可以完成其他操作。

实验要求与步骤：

（1）实验要求

本实验项目要求使用定时器设定键盘扫描时间为20 ms（即每隔20 ms扫描一次键盘），使用行列反转法获取键盘按键，并将按键的键位显示在数码管模块中。

（2）实验步骤

① 分析电路原理图，掌握实验板中矩阵键盘的连接位置，知晓其控制方法。

② 对照电路原理图，写出矩阵键盘的各键位编码。

以上两个过程请参考实验项目四的有关内容。

③ 对照定时器的工作原理，计数定时初值。

仔细观察本实验板，可以看到实验板上晶振的频率是_____MHz，即一个计数单位的时长是_____μs。这里应用的计算公式是：TP=_____/_____。

本实验项目要达到20 ms的定时，使用公式N=_____/_____，就可以计算机出计数的数量值。接着要确定定时器的工作方式，从方便和实用的角度看，本例以方式_____较为合适。（本项目应用定时器T0）

确定工作方式后，即可确定计数的初值。

计数初值为：

TH0=＿＿＿＿＿＿＿＿

TL0=＿＿＿＿＿＿＿＿

④ 写出定时器0的中断服务程序。

```
void  timer0( ) interrupt_____
{
    TH0=_____;
    TL0=_____;
    if(flag)                    //flag为定时已到的标志
     flag=0;
}
```

⑤ 写出键盘扫描函数代码。

这里可以参照实验项目四的有关代码。

⑥ 写出数码管显示函数的代码。

这里可以参照实验项目四的有关代码。

⑦ 程序编写与调试。

本项目综合运用到了定时器、中断、矩阵键盘和数码管等内容。程序开始位置要对设备的运行进行初始化设定。

首先要声明键盘的连接方法即行线与列线的定义，其次是数码管的段选与位选控制位声明，此外还要将实验板上与本项目无关的其他设备关闭。

依据以上分析，写出初始化代码如下：

```
_____    //键盘行线
_____    //键盘的列线
_____    //数码管的段选控制线
_____    //数码管的位选控制线
_____    //数码管的共阴码（段选码）
_____    //流水灯的控制线
_____    //LED点阵的控制线
```

使用定时器时也要进行初始化，初始化定时器的过程如下：

```
_____    //设定定时器工作方式
_____    //TH0的初值
_____    //TL0的初值
_____    //开放系统总中断
_____    //开放定时器0的中断
_____    //启动定时器0
```

定义键盘扫描函数名为keyscan()，每隔＿＿＿ms调用一次，其调用代码如下：

```
while(1)                     //进入无限循环
{if(      )                  //判断是否到达20ms
  tmp=keyscan();             //调用键盘扫描函数
  display(); }               //调用数码管显示函数
```

⑧ 程序烧录，并观察程序运行情况。

项目考核

1. 填充IE寄存器的位定义表格（见表5-8），注明各位定义的含义。

表5-8 IE寄存器的位定义表格

IE寄存器	D7	D6	D5	D4	D3	D2	D1	D0
位定义								
对应的中断源								

2. 填充IP寄存器的位定义表格（见表5-9），注明各位定义的含义。

表5-9 IP寄存器的位定义表格

IP寄存器	D7	D6	D5	D4	D3	D2	D1	D0
位定义	未用	未用	PT2	PS	PT1	PX1	PT0	PX0
对应的中断源			T2	TI/RI	T1	INT1	T0	INT0

3. 写出定时/计数器0的四种工作方式下，计数初值的计算公式。

4. 为什么定时/计数器1没有方式3？

笔记栏

项目成绩

序 号	项目名称	要求及评分标准	分值	项目得分
1	按时出勤	迟到、早退不得分；病事假者不得分	10	
2	实验纪律	带零食、吃零食、打闹、玩手机，以及不听从指导教师要求者不得分	20	
3	实验诚信	抄袭者不得分，全程未参与小组实验者不得分	10	
4	实验成果	未达到实验目的要求者不得分	60	
		仅部分达到实验目的，酌情扣分（30% 以内）		
		其他情况		

项 目 日 志

年　　月　　日　　星期　　　　　　指导教师：

年　　月　　日　　星期　　　　　　指导教师：

项目

数据存储实验

项目目标

（1）学习掌握I^2C总线的基本时序与编程；

（2）学习掌握使用E^2PROM存储数据的方法；

（3）深入理解实验板上E^2PROM模块的电路原理图；

（4）进一步熟练程序下载、调试方法。

项目原理与内容

1. I^2C总线的基本时序与编程

I^2C（Inter-Integated Circuit）是Philips公司开发的一种用于内部IC控制的简单的双向二线制串行总线。

I^2C总线结构简单，只使用两条线进行信息传输，一条数据线（SDA）和一条串行时钟线（SCL）。具有I^2C总线接口的器件可以通过这两根线连接到总线上，进行相互之间的信息传递。由于I^2C总线上各器件的SDA和SCL引脚都是开漏结构，因此使用时需要增加上拉电阻，以保持空闲时的高电平状态。连接到I^2C总线的器件由器件本身和引脚状态确定地址，不需要使用片选。

（1）I^2C总线上的数据信号

I^2C总线在传输数据过程中共有三种类型的信号，分别是开始信号、结束信号和应答信号。三种信号的时序如图6-1所示。

① 开始信号：当SCL为高电平时，SDA由高电平向低电平的跳变，表示通信开始。

② 结束信号：当SCL为高电平时，SDA由低电平向高电平的跳变，表示本次通信结束。

③ 应答信号：当主器件传送一个字节后，在第9个SCL时钟内拉高

SDA线，而从器件的响应信号会将SDA拉低，这是从器件给主器件的一个响应。只有收到了响应信号才能继续通信。

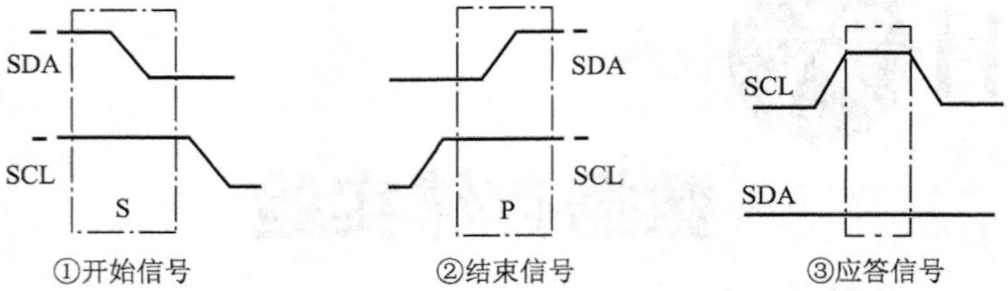

① 开始信号　　② 结束信号　　③ 应答信号

图6-1　I2C总线上的三种信号

在I²C总线上数据是按位传送的，I²C总线每传送一位数据必须有一个时钟脉冲，并且被传送的数据在时钟SCL的高电平期间必须保持稳定，只有在SCL低电平期间才能够发生变化，如图6-2所示。

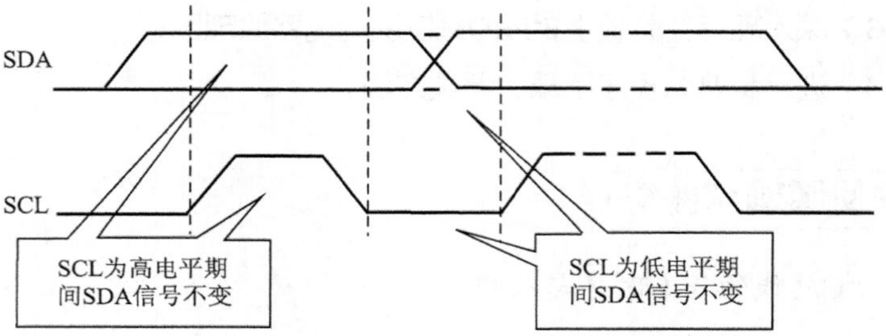

SCL为高电平期间SDA信号不变

SCL为低电平期间SDA信号不变

图6-2　I²C总线上的数据信号及其变化

（2）I²C信号的程序实现

依据I²C的协议，使用单片机的I/O口线进行模拟，可以实现I²C通信。

① 开始信号

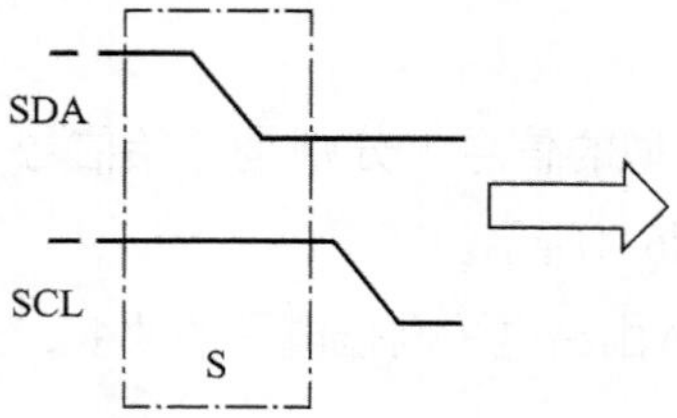

```
void  start(  )
{
    SDA=1;          //SDA拉高
    delay();        //延时维持SDA状态
    SCL=1;          //SCL拉高
    delay();        //延时维护SCL状态
    SDA=0;          //拉低SDA
    delay();        //延时
}
```

② 结束信号

请对照结束信号的时序图，并参照上面的写法，写出结束的程序代码。

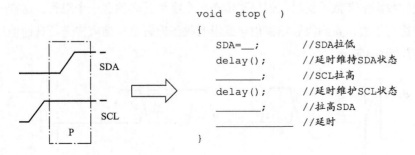

```
void  stop( )
{
    SDA=__;          //SDA拉低
    delay();         //延时维持SDA状态
    _____;          //SCL拉高
    delay();         //延时维护SCL状态
    _____;          //拉高SDA
    _____      //延时
}
```

③ 应答信号

在I²C中，如果从器件未发出应答信号也会被视为一种应答。所以在应答信号的程序编写时要注意需要多等待一点时间。

```
void  ack( )
{
    uchar i;              //定义一个局部变量
    SCL=1;               //拉高SCL
    SDA=1;               //拉高SDA
    delay();             //等待从器件的应答
    while((SDA==1)&&(i<250))  //如SDA未
    {  i++; }            //变化，就多等一点时间
    SCL=0;               //获得回应或等候时间到，
    delay();             //拉低SCL并延时一会
}
```

（3）I²C总线上的数据传输协议

① 使用I²C进行通信首先要由主机发出开始信号。

② 接着主器件发出的第一个字节，用来选通从器件。这个字节的前7位为地址码，第8位为方向码。字节的格式如图6-3所示。

高4位由I²C委员会分配	低3位通过引脚自行设定	R/W̄
从器件通信地址		读/写

图6-3　I²C通信主器件发送的第一个字节内容

③ 从器件收到并回复应答后，进入下一个传送周期，执行接下来的步骤。如果器件没有给出应答，则本次传送无效，结束通信过程。

④ 收到从器件的应答后，主从器件开始正式通信。这时在总线上传送的数据字节数不受限，但每次传送一个字节，必须有一个应答。这样一直进行下去，直到收到结束信号或没有收到应答信号结束传送。其通信过程如图6-4所示。

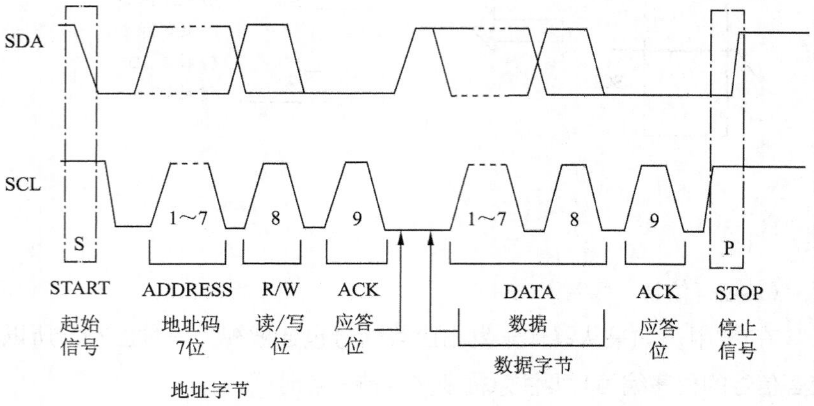

图6-4 I²C通信过程

2. E²PROM的基本时序与编程实现

使用单片机进行系统开发设计时，经常需要将系统运行过程中产生的重要信息进行存储，并希望再次加电重启时这些信息依然存在，这就需要使用E²PROM芯片来实现信息的存储。在单片机开发中经常用的E²PROM芯片有AT24C01/02/04等型号，其内部的存储容量分别为1KB、2KB、4KB等。其串行通信方式采用的就是I²C总线接口。

（1）实验板上的E²PROM芯片

本实验板上采用的是AT24C02芯片，存储容量为2KB。在实验板上的连接方式与电路原理图如图6-5所示。

由图中可以看到该芯片的SDA即数据线由____引脚连接，而SCL即时钟线由____引脚连接。其自身地址由八位二进制数构成即一个字节，这个字节的高四位是由国际组织专门给定的，本芯片的编号为1010；低四位中的前三位由图中E0、E1、E2三个引脚确定，这里全部接地，故为000；最后一位是确定读写方向的，为0表示向芯片写入数据，为1表示从芯片中读取数据。由以上分析可知该芯片的读地址为0x____，写地址为0x____。

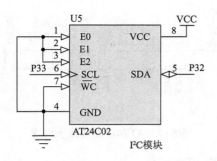

图6-5　AT24C02连接图

（2）AT24C02的读写时序

通过查阅数据手册，可以看到AT24C02的读写时序，依据其时序图，写出程序编码。

① 写时序

由图6-6可以看出向AT24C02中写入数据要经历如下过程：

a. 主器件发出开始信号

b. 主器件发出芯片的写地址并等待应答。

c. 收到应答后，主器件发出要写入的地址并等待回答。

d. 收到应答后，主器件发出一个字节的数据，并等待应答。

e. 数据传输完毕，主器件发出结束信号。

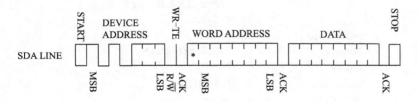

图6-6　AT24C02写信息时序

② 读时序

由图6-7可以看出向AT24C02中读取数据要经历如下过程：

a. 主器件发出开始信号

b. 主器件发出芯片的写地址并等待应答。

c. 收到应答后，主器件发出要读取信息的地址并等待回答。

d. 收到应答后，主器件再次发出芯片读地址并等待应答。

e. 收到应答后，主器件读取信息，直到无应答信息或结束信号。

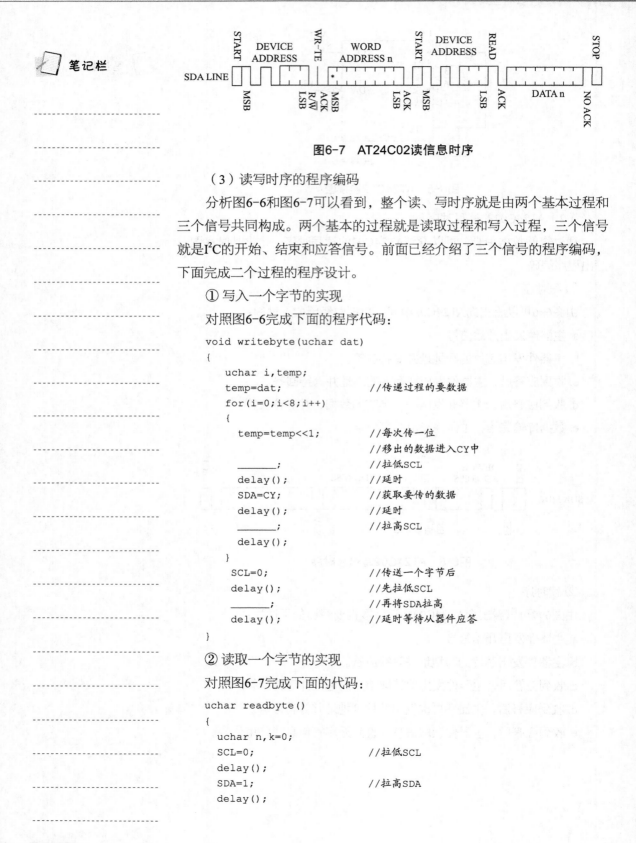

图6-7　AT24C02读信息时序

（3）读写时序的程序编码

分析图6-6和图6-7可以看到，整个读、写时序就是由两个基本过程和三个信号共同构成。两个基本的过程就是读取过程和写入过程，三个信号就是I^2C的开始、结束和应答信号。前面已经介绍了三个信号的程序编码，下面完成二个过程的程序设计。

① 写入一个字节的实现

对照图6-6完成下面的程序代码：

```
void writebyte(uchar dat)
{
    uchar i,temp;
    temp=dat;              //传递过程的要数据
    for(i=0;i<8;i++)
    {
        temp=temp<<1;      //每次传一位
                           //移出的数据进入CY中
        _____;            //拉低SCL
        delay();           //延时
        SDA=CY;            //获取要传的数据
        delay();           //延时
        _____;            //拉高SCL
        delay();
    }
    SCL=0;                 //传送一个字节后
    delay();               //先拉低SCL
    _____;                //再将SDA拉高
    delay();               //延时等待从器件应答
}
```

② 读取一个字节的实现

对照图6-7完成下面的代码：

```
uchar readbyte()
{
    uchar n,k=0;
    SCL=0;                 //拉低SCL
    delay();
    SDA=1;                 //拉高SDA
    delay();
```

```
   for(n=8;n>0;n--)
   {
      SCL=1;                   //拉高SCL
delay();                       //延时
k=(k<<1)|SDA;                  //获取SDA加入K中
_____;                    //拉低SCL
   delay();                    //延时
   }
 return k;
}
```

③ 向指定地址写信息的实现

使用上述实现的程序编码，可以实现对指定地址写入信息。对照图6-6及分析的写信息的步骤，完成如下代码：

```
void write_add(uchar address,uchar dat)
{
   start();                  //主器件发出开始信号
   writebyte(_____);        //主器件发出芯片的写地址信息
   ack();                    //等待从器件应答
   writebyte(_____);        //主器件发出要写入信息的地址
   ack();                    //等待从器件应答
   writebyte(_____);        //主器件发出要写入的信息内容
   ack();                    //等等从器件应答
   stop();                   //主器件发出结束信息，完成信息写入过程
}
```

④ 读取指定地址保存的信息

使用上述已经实现的读取过程和信号编码，可以实现对指定地址读取信息。对照图6-7及分析出的读取信息步骤，完成如下代码：

```
uchar read_add(uchar address)
{
   uchar dat;
   start();                  //主器件发出开始信号
   writebyte(_____);        //主器件发出芯片的写地址信息
   ack();                    //等待从器件应答
   writebyte(_____);        //主器件发出要读取的信息的地址
   ack();                    //等待从器件应答
   start();                  //主器件再次发出开始信号
   writebyte(_____);        //主器件发出芯片的读地址信息
   ack();                    //等待从器件的应答
   dat=_____;           //将读取到的信息保存
   stop();                   //主器件发出结束信号
   return dat;               //将读取到的信息返回给调用者
}
```

实验要求与步骤：

（1）实验要求

本实验项目要求使用实验板上的E²PROM芯片AT24C02顺序存入1~8个数字，再将这8个数字读出并显示在数码管模块中。

（2）实验步骤

① 分析电路原理图，掌握实验板中E²PROM芯片的连接方式，知晓其控制方法。

② 按照I²C总线的要求，写出I²C总线的三个信号的程序实现编码。

③ 按照AT24C02数据手册的读写时序，分别写出读写功能的程序实现编码。

④ 按照电路原理图，写出数码管模块显示的功能模块。

⑤ 进行程序调试，并完成代码编译。

⑥ 向实验板中烧录代码，运行并观察实验结果。

项目考核

1. 简述AT24C02芯片读取指定位置信息的操作步骤。

2. 简述AT24C02芯片向指定位置写入信息的操作步骤。

项目成绩

序号	项目名称	要求及评分标准	分值	项目得分
1	按时出勤	迟到、早退不得分；病事假者不得分	10	
2	实验纪律	带零食、吃零食、打闹、玩手机，以及不听从指导教师要求者不得分	20	
3	实验诚信	抄袭者不得分，全程未参与小组实验者不得分	10	
4	实验成果	未达到实验目的要求者不得分	60	
		仅部分达到实验目的，酌情扣分（30%以内）		
		其他情况		

项　目　日　志

年　　月　　日　　星期　　　　　　指导教师：

年　　月　　日　　星期　　　　　　指导教师：

项目七

AD与DA接口实验

项目目标

（1）学习巩固I²C总线的基本时序与编程；

（2）学习掌握使用AD与DA的工作原理；

（3）深入理解实验板上PCF8591模块的电路原理图；

（4）进一步熟练程序编写、调试、下载方法。

项目原理与内容

AD与DA是单片机发挥控制核心作用，不可缺少的接口。通过AD接口实现模拟到数字的转换，可以把获取的外部信号转换成单片机可以识别的数字信号；而DA接口实现了数字到模拟的转换，也就是把单片机发布的控制指令变成机械设备可以识别的模拟信号（电压或电流）输出。

AD与DA是两个不同的接口，工作的侧重点也不同。早期的单片机中并不含有AD和DA接口，但是现在一些比较高端的单片机，比如STC的最新产品都在单片机内部集成了AD与DA功能。

1. PCF8591芯片介绍

本实验板采用的单片机并没有集成AD与DA功能，而是采用PCF8591来实现这两个功能。PCF8591是单片、单电源、低功耗的8位CMOS数据采集器件，同时具备AD和DA功能，具有4个模拟输入、一个输出及一个串行I²C总线接口。该芯片共有16个引脚，其中有3个地址引脚A0、A1和A2用于编程硬件地址，因此允许将最多8个器件连接至I²C总线而不需要额外硬件。该器件的地址、控制和数据通过两线双向I²C总线传输。其功能包括多路复用模拟输入、片上跟踪和保持功能、8位模数转换和8位数模转换。最大转换速率取决于I²C总线的最高速率。本实验上PCF8591模块的电路原理图如图7-1所示。

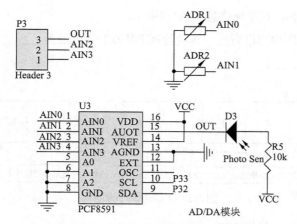

图7-1 PCF8591模块的电路原理图

由图中可知：A0、A1、A2是地址引脚，用来确定使用芯片地址的。本实验板中只有一个芯片，所以全部接了低电平。即其地址的低三位全部为0。

AIN0～AIN3：四路模拟输入端，用来采集模拟信号，可通过控制字选定当前采集是哪一路模拟信号。其中AIN0和AIN1采集的是电位器（ADR1、ADR2）的数据，实验时调解电位器即可看到采集数值。而AIN2和AIN3通过插座P3可以外接信号源，并且P3插座还有一个OUT引脚用来将DA转换后的信号输出。

AOUT引脚是DA转换后结果的输出引脚，该引脚上连接了一个发光二极管，通过调整输入的数据，可以使这个发光二极管的亮度发生变化。其输出在P3插座上还有一个插针可以将信号引出或通过万用表测量。

EXT和OSC：是PCF8591使用晶振情况的控制引脚。当使用外部晶体时，EXT取高电平，否则为低电平。使用外部晶体时OSC接外部晶体。本实验板不使用外部晶体。故这两个引脚EXT接地，而OSC悬空。

SCL和SDA这两个引脚是I^2C总线进行数据传输的双向数据线，在前面已经介绍过。数模转换的数据通过I^2C总线发出，转换的结果由AOUT和OUT引脚输出；模数转换的数据由I^2C总线传输至单片机。

① PCF8591的地址

使用PCF8591必须知晓其操作地址，因为这是一个支持I^2C总线的设备，所以其地址有两部分构成：一部分是国际组织分配的地址（高四位），另一部分是通过芯片引脚确定的芯片地址，最后还有一位是确定读、写方向的。其地址信息如图7-2所示。

那么从图中可以得出，本实验PCF8591的读地址是：＿＿＿＿＿，写地址是：＿＿＿＿＿。

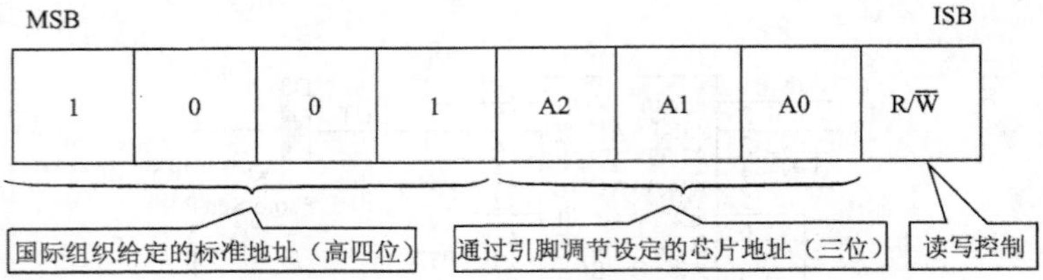

笔记栏

图7-2　PCF8591的地址

② PCF8591的控制字

使用PCF8591芯片，发送到PCF8591的第二个字节被存储在控制寄存器，作为芯片控制字用于控制芯片的功能。控制字的高四位用于控制是否允许模拟输出，以及控制模拟输入的状态（通过编程可设为单端输入或差分输入）。低四位用于选择当前转换的模拟输入通道，以及设定自动增量标志，设定了自动增量标志后每次A/D转换后通道号将自动增加。其控制字如图7-3所示。

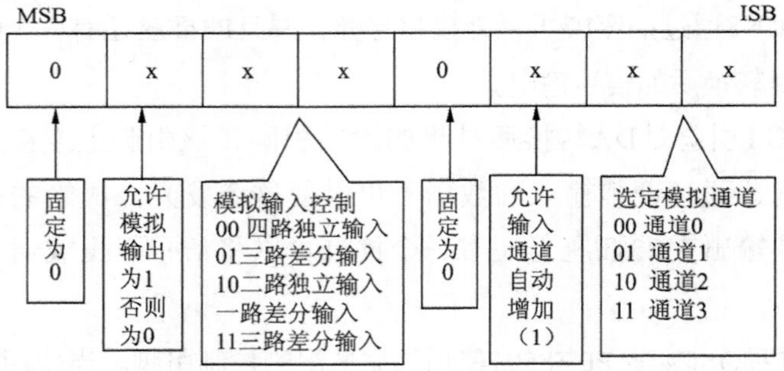

图7-3　PCF8591的控制字

③ D/A转换

发送到PCF8591的第三个字节被存储到DAC数据寄存器，并使用芯片上D/A转换器转换成对应的模拟电压。这个D/A转换器由连接至外部参考电压的具有256个接头的电阻分压电路和选择开关组成。接头译码器切换一个接头至DAC输出线，即完成D/A转换。转换输出的模拟电压将保持直到新的数据字节再发送。输出的模拟电压值可按如下公式计算得出。

$$V_{AOUT} = V_{AGND} + \frac{V_{REF} - V_{AGND}}{256} \sum_{i=0}^{7} D_i \times 2^i$$

调整输入的数值大小，其输出的模拟电压也会随之变化，与输出端口相连的发光二极管也会产生亮度的变化。

本实验板上参考电压V_{REF}取值为$5\,\text{V}$，使用万用表测量V_{AGND}值为____V，如果输入数据为10101010，则按理论公式V_{AOUT}应为____V，通过实验实际测量其值为____V。

其转换时序如图7-4所示。

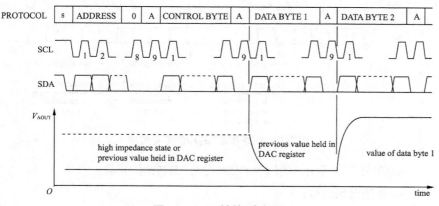

图7-4 D/A转换时序图

从该时序图可以看出，使用PCF8591进行DA转换需要通过这样几个步骤：

a. 发出起始信号；

b. 发送PCF8591的写地址；

c. 应答信号；

d. 发送PCF8591的控制字；

e. 应答信号；

f. 发送需要转换的数值；

g. 应答信号；

h. 完成转换。

④ A/D转换

PCF8591芯片的A/D转换器采用逐次逼近转换技术。A/D转换周期开始于向PCF8591发送读地址。A/D转换周期在应答时钟脉冲的后沿被触发，并在传输前一次转换结果时执行。一旦一个转换周期被触发，所选通道的输入电压采样将保存到芯片并被转换为对应的8位二进制码。来自差分输入的采样将被转换为8位二进制补码。

转换结果被保存在ADC数据寄存器等待传输。如果自动增量标志被置1，将自动选择下一个通道进行采集转换。在读周期传输的第一个字

笔记栏

节包含前一次读周期的转换结果。芯片上电复位之后读取的第一个字节是0x80。PCF8591芯片的最高A/D转换速率取决于实际的I^2C总线的传输速度。

AD转换的时序如图7-5所示。

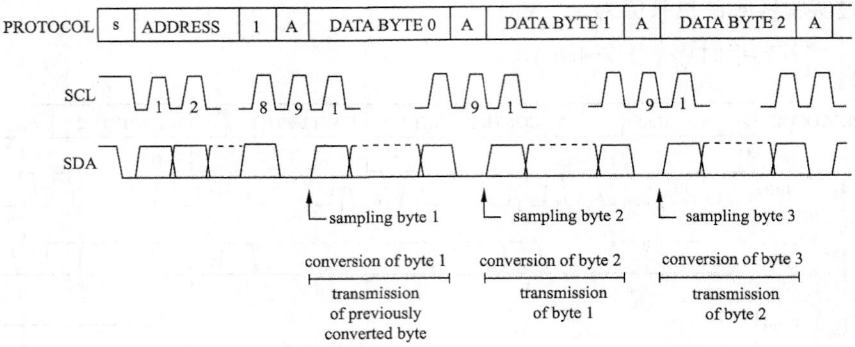

图7-5　PCF8591的A/D转换时序

由图7-5可以看出，使用PCF8591进行AD转换的步骤：

a. 发送起始信号；

b. 发送写地址信号；

c. 应答信号；

d. 读转换结果；

e. 应答信号；

f. 继续读转换结果或结束。

2. I^2C总线

I^2C 总线是不同的IC 或模块之间的双向两线通信。这两条线是串行数据线（SDA）和串行时钟线（SCL）。这两条线必须通过上拉电阻连接至正电源。数据传输只能在总线不忙时启动。

有关I^2C总线的内容与实训项目六相同。此处不赘述。

实验要求与步骤：

（1）实验要求

本实验项目要求使用实验板上的PCF8591芯片完成A/D与D/A转换。

① 实现A/D转换，使用实验板上的ADR1和ADR2两个电位器进行调解，并通过数码管读取转换结果。

② 实现D/A转换，使用独立键盘输入数据通过D/A转换后点亮发光二极管并注意亮度的变化。

（2）实验步骤

① 分析电路原理图，掌握实验板中PCF8591芯片的连接方式，并找到电位器ADR1和ADR2。

② 按照I²C总线的要求，写出I²C总线的三个信号的程序实现编码。

③ 按照PCF8591数据手册的读写时序，分别写出读写功能的程序实现编码。

④ 按照电路原理图，写出数码管模块显示的功能模块。

⑤ 进行程序调试，并完成代码编译。

⑥ 向实验板中烧录代码，运行并观察实验结果。

项目考核

1. 简述PCF8591芯片进行D/A转换的操作步骤。

2. 简述PCF8591芯片进行A/D转换的操作步骤。

笔记栏

笔记栏

项目成绩

序号	项目名称	要求及评分标准	分值	项目得分
1	按时出勤	迟到、早退不得分；病事假者不得分	10	
2	实验纪律	带零食、吃零食、打闹、玩手机，以及不听从指导教师要求者不得分	20	
3	实验诚信	抄袭者不得分，全程未参与小组实验者不得分	10	
4	实验成果	未达到实验目的要求者不得分	60	
		仅部分达到实验目的，酌情扣分（30%以内）		
		其他情况		

项 目 日 志

年　　月　　日　　星期　　　　　　指导教师：

年　　月　　日　　星期　　　　　　指导教师：

项目八

LCD显示实验

项目目标

（1）学习掌握LCD液晶显示模块的工作原理；

（2）学习掌握使用LCD1602的使用方法；

（3）深入理解实验板上LCD1602模块的电路原理图；

（4）进一步熟练程序下载、调试方法。

项目原理与内容

1．LCD1602液晶模块

LCD（Liquid Crystal Display）为液晶显示器，它一般不会单独使用，而是将LCD面板、驱动与控制电路组合成LCD模块（Liquid Crystal Display Moulde，LCM）来使用。LCM是一种很省电的显示设备，常被应用在数字或微处理器控制的系统，作为简易的人机接口。

LCD1602液晶又称1602字符型液晶，它是一种专门用来显示字母、数字、符号等的点阵型液晶模块。它由若干个5×7或者5×11等点阵字符位组成，每个点阵字符位都可以显示一个字符，每位之间有一个点距的间隔，每行之间也有间隔，起到了字符间距和行间距的作用，正因如此它不能很好地显示图形。1602显示的内容为16×2，即可以显示两行，每行16个字符（字符和数字）。与1602命名类似还有128×64、192×64等液晶显示模块。

1602液晶模块的控制器多为HD44780，掌握了HD44780的操作方法，对于大多数以此为控制器的液晶就都能操控了。本实验板上提供了两个液晶模块的驱动，一个是128×64，另一个就是1602。实验板上液晶模块连接电路原理图如图8-1所示。本实验仅涉及1602模块。

不带背光的1602液晶有14个引脚，带有背光的有16个引脚，本实验板预留的是16个引脚的1602。这16个引脚的定义如表8-1所示。

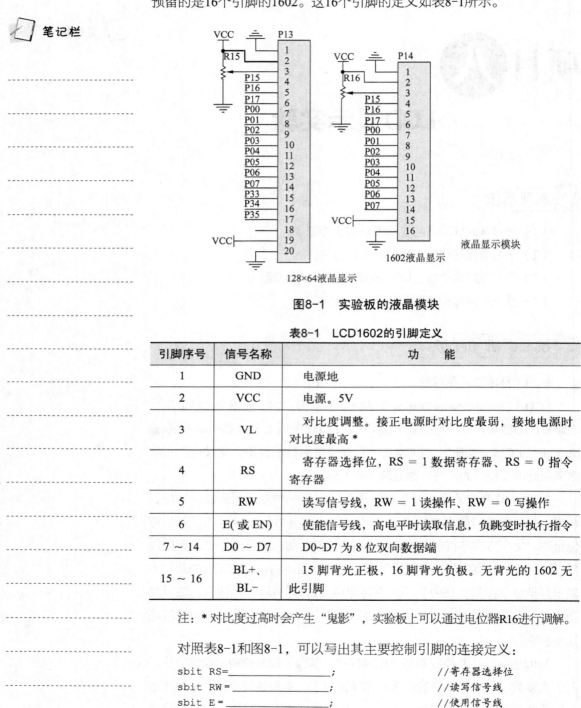

图8-1 实验板的液晶模块

表8-1 LCD1602的引脚定义

引脚序号	信号名称	功 能
1	GND	电源地
2	VCC	电源。5V
3	VL	对比度调整。接正电源时对比度最弱，接地电源时对比度最高 *
4	RS	寄存器选择位，RS＝1数据寄存器、RS＝0指令寄存器
5	RW	读写信号线，RW＝1读操作、RW＝0写操作
6	E（或EN）	使能信号线，高电平时读取信息，负跳变时执行指令
7～14	D0～D7	D0~D7为8位双向数据端
15～16	BL+、BL-	15脚背光正极，16脚背光负极。无背光的1602无此引脚

注：* 对比度过高时会产生"鬼影"，实验板上可以通过电位器R16进行调解。

对照表8-1和图8-1，可以写出其主要控制引脚的连接定义：

```
sbit RS=_____;          //寄存器选择位
sbit RW =_____;         //读写信号线
sbit E =_____;          //使用信号线
```

另外实验板上与1602进行通信的I/O是P____口。也就是说通过对这个I/O口的读取可以完成对1602液晶的各种操作。

2．1602液晶的内部结构与显示原理

1602内部有三个寄存器，分别是CGROM、CGRAM和DDRAM。

① CGROM。CGROM是字模的存储空间又称字符发生存储器，1602液晶所能显示字符的字模就存储在这里。在CGROM中已经存储了160个不同的点阵字符图形，这些字符有：阿拉伯数字、英文字母（大小写）、常用的符号、日文假名等，每一个字符都有一个固定的代码。比如大写的英文字母"A"的在CGROM中代码是01000001B（41H），显示时模块把地址41H中的点阵字符图形显示出来，就能看到字母"A"。因为1602能够直接识别ASCII码，所以可以用ASCII码赋值的方法来显示字符，不必去记忆该字符在CGROM中的代码位置。1602常用的字符都可以用ASCII码方式显示。

② CGRAM。CGRAM是用户自定义字模的存储区。当ASCII码表不能满足用户对字符的显示要求时，可以在这里创建新的字模。这个存储区域只能存放8个自定义的5×8点阵的字符。字模的显示方式和CGROM中的字符一样。一般写入到这里的字模，其索引值为（0x00~0x07），当字模建好后，向DDRAM中写入相应的索引值，新建的字符就会显示出来。

③ DDRAM。DDRAM是一个80字节的RAM，是字符显示的缓冲区。DDRAM中最多能存储80个8位字符代码做为显示数据，这80个字符对应于显示屏上的各个位置，其中第一行的地址为00H到27H；第二行为40H到67H。DDRAM与液晶屏幕显示的对应关系如图8-2所示。要显示字符时要先确定显示的位置，然后再确定显示的内容，也就是告诉模块在哪里显示什么字符。

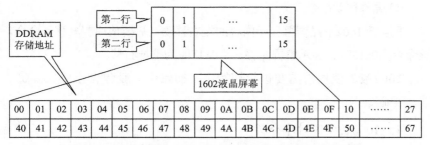

图8-2 DDRAM内部地址与屏幕显示位置的对应关系

图8-2反应了DDRAM地址与屏幕显示位置的对应关系，但是并不说要在第二行第0个位置显示字符，写命令时直接写入0x40就行了，控制芯片要求显示地址的最高位恒定为1，所以在使用指令写入显示地址时，要

将DDRAM的地址与0x80相加后得到的才是写入的地址。

依据上面的分析，可知要在第二行第3个位置写入字符则写入地址为_____。这个地址是由_____+_____，计算后得到的。

3．1602的操作命令

对1602进行操作，可以动态地显示内容。其操作命令主要有以下几种：

① 功能设置命令

使用1602液晶之前，必须对其进行初始化。初始化命令为0x38。其含义是设置该1602为16×2显示，显示字符为5×7点阵，使用8位数据接口。

② 清屏命令

该命令可以清空1602的屏幕显示。清屏命令为0x01。该命令不仅清除了屏幕的显示，而且也使DDRAM的数据指针清0。

③ 输入方式设置命令

该命令用于控制光标移动方向以及读写字符时数据指针的变化情况。该命令为0x06，表示读或写字符时数据地址自动增加；若为0x04，则表示读写时地址不自动增加。

④ 显示控制命令

该命令用于打开并显示光标以及设定光标是否闪烁。该命令为0x0C，表示打开整体显示且光标不闪烁，而该命令为0x0D时，则表示光标要闪烁。

⑤ 光标移动命令

用于控制光标的左右移动。该命令为0x10时表示光标左移，为0x14时光标右移。

⑥ 屏幕移动命令

要实现1602液晶屏幕显示内容的左右移动，需要使用屏幕移动命令。该命令为0x18时，表示整屏左移；为0x1F时为整屏右移。

1602液晶使用前需要进行初始化，初始化一般包含上述①、②、③、④命令。

4．1602的命令时序分析

使用1602进行操作时要严格按照时序进行。其写入时序如图8-3所示。

分析图8-3可以得出其写时序表（请对照时序图填写表8-2）：

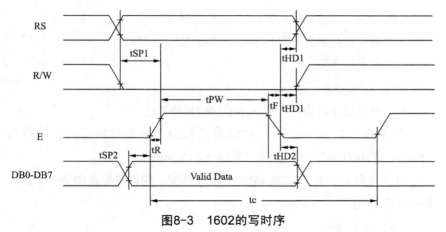

图8-3　1602的写时序

表8-2　写时序表

写时序	寄存器或端口（按先后顺序）			
	RS	RW	E	D0~D7
写命令				指令内容
写数据				数据内容

对照表8-2填写使用C51语言的程序代码，实现写时序。

```
//dat为要写入的内容，res是要操作的寄存器0：命令寄存器 1：数据寄存器
void lcd_cmd(uchar dat,uchar res)
{
    RS = _____;
    RW = _____;
    En = 0;
    ____ = dat;            //通过哪个端口输入数据
    dealy(10);             //延时处理
    E = 1;
    delay(5);
    E=0;
}
```

这个函数既可以写入命令，也可以写入要显示的数据。

读时序其写时序类似，其读时序表如表8-3所示。

表8-3　读时序表

读时序	寄存器或端口（按先后顺序）			
	RS	RW	E	D0~D7
读状态	0	1	1	返回的状态信息
读数据	1	1	1	返回的数据内容

一般来讲，在使用液晶模块之前都要检测一下液晶的工作状态（即忙闲情况），该状态可以通过判断获取数据的最高位是否为1来确定。如果

为1则为忙状态，否则为闲状态，可以继续操作。

因为很少使用到读时序，所以不再赘述。

实验要求与步骤：

（1）实验要求

本实验项目要求使用实验板上的1602模块完成。

① 实现内容显示，使1602液晶显示出上下两行内容，上一行为"LiaoNing JinZhou"，下一行为 "R&V&T College"。

② 将上述内容写入DDRAM的不可见区域，使用整屏移动命令，使其移动动正常位置。

（2）实验步骤

① 分析电路原理图，掌握实验板中LCD1602模块的连接方式。

② 按照LCD1602数据手册的读写时序，分别写出读写功能的程序实现编码。

③ 完成整体程序框架设计，进行编码与调试。

④ 编译后向实验板中烧录代码，运行并观察实验结果。

项目考核

1．简述LCD1602模块内部有几个寄存器，都有什么作用。

2．简述1602屏幕显示位置与DDRAM数据地址的对应关系。

项目成绩

序号	项目名称	要求及评分标准	分值	项目得分
1	按时出勤	迟到、早退不得分；病事假者不得分	10	
2	实验纪律	带零食、吃零食、打闹、玩手机，以及不听从指导教师要求者不得分	20	
3	实验诚信	抄袭者不得分，全程未参与小组实验者不得分	10	
4	实验成果	未达到实验目的要求者不得分	60	
		仅部分达到实验目的，酌情扣分（30%以内）		
		其他情况		

<table>
<tr><td colspan="2" align="center">项 目 日 志</td></tr>
<tr><td>年　月　日　星期</td><td>指导教师：</td></tr>
</table>

年　月　日　星期　　　　　指导教师：

项目九

实时时钟显示实验

项目目标

（1）学习掌握SPI总线的基本时序与编程；

（2）学习掌握使用DS1302模块的工作原理；

（3）进一步熟练运用LCD1602模块；

（4）深入理解实验板上DS1302模块的电路原理图；

（5）进一步熟练程序下载、调试方法。

项目原理与内容

1．DS1302与实验板设计

DS1302 是美国DALLAS公司推出的一种高性能、低功耗、带RAM的实时时钟电路，广泛应用于电话、传真、便携式仪器等产品领域。它的功能很多，不仅可以对年、月、日、周、时、分、秒进行计时，还具有闰年补偿功能，其工作电压为2.5～5.5 V。DS1302采用SPI三线接口与CPU进行同步通信，并可采用突发方式一次传送多个字节的时钟信号或RAM数据。其内部有31个字节的RAM，用于临时性存放数据，并提供了主电源/后备电源双电源引脚，同时提供了对后备电源进行涓细电流充电的能力。

DS1302有DIP和SOP两种封装形式，共有8个外接引脚，在实验板上的电路原理如图9-1所示。

对照图9-1可以看到DS1302的8个引脚及其各自的功能。

VCC1和VCC2是电源引脚，其中VCC1为备用电源，用来接电池。VCC2为主电源，当VCC2<VCC1时，由备用电源供电，当VCC2>VCC1+0.2V时为主电源供电。

X1、X2引脚为外接晶振引脚，DS1302要求外接晶振频率为32.768kHz。

RST引脚是复位和片选引脚，当RST为高电平时，才允许对DS1302进行读写操作。而且只有在SCLK引脚为低电平时，才能将RST引脚拉高。当VCC<0.2V时，RST必须为低电平。

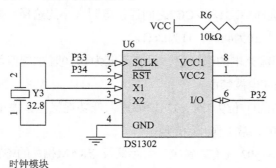

时钟模块

图9-1 时钟模块DS1302

SCLK引脚是时钟输入引脚。

SDA（即图9-1中的I/O）引脚是双向的数据口。

读图回答：图中SCLK连接是＿＿引脚，RST连接是＿＿引脚，I/O连接的是＿＿引脚。

2．DS1302的内部结构及应用

DS1302内部有12个寄存器，其中有7个寄存器与日历、时钟相关，其中存放的数据位为BCD码形式，这7个寄存器及其含义见表9-1。

表9-1 DS1302的主要寄存器

寄存器名	读写地址		传送的字节内容及含义								取值范围
	写入	读取	D7	D6	D5	D4	D3	D2	D1	D0	
秒	80h	81h	CH	10s			秒				00～59
分	82h	83h	0	10min			分				00～59
时	84h	85h	12(1) 24(0)	0	$\overline{AM}$/PM 小时	小时	小时				0～12 00～23
日期	86h	87h	0	0	10 日		日				每月日期
月份	88h	89h	0	0	0	10 月	月				01～12
周	8Ah	8Bh	0	0	0	0	0	星期			01～07
年度	8Ch	8Dh	10 年				年				00～99
保护	8Eh	8Fh	WP	0	0	0	0	0	0	0	1/0（是／否保护）
充电	90h	91h	TCS 为 1010 时为涓流充电				DS		RS		

注：充电寄存器管理对DS1302进行涓流充电的设置。其中DS位是选择VCC1和VCC2之间是通过1或2个二极管连接，01则为一个，10为二个，若为00或11时，则充电器被禁止。

RS位是选择VCC1和VCC2之间连接电阻大小的选择。其值为01则连接电阻为2kΩ，10为4kΩ，11为8kΩ。

TCS是涓流充电的选择位，只有其值为1010时才能值涓流充电器工作，否则涓流充电被禁止。

秒寄存器的D7位为1时，DS1302进入低功耗状态，停止走时；当D7为0时，DS1302正常工作开始走时。

此外，DS1302还有时钟突发寄存器及与RAM相关的寄存器等。时钟突发寄存器可一次性顺序读写除充电寄存器外的所有寄存器内容，其实质是指一次传送多个字节的时钟信号。时钟突发寄存器的命令控制字为BEh（写）、BFh（读）。

DS1302与RAM相关的寄存器分为两类：一类是单个RAM单元，共31个，每个单元组态为一个8位的字节，其命令控制字为C0h～FDh，其中奇数为读操作，偶数为写操作；另一类为突发方式下的RAM寄存器，此方式下可一次性读写所有的RAM的31个字节，命令控制字为FEh(写)、FFh(读)。这个RAM是DS1302给用户存储信息的空间，可以用来存储一些用户设定的相关数据。

我们通常使用DS1302其实就是对这些寄存器内容的设定（写入）和读取。读写时需要依据上述规定的读写时序进行。

对照表9-1请回答，若设定当前的小时时间为24小时制的19点，则小时寄存器的值为_____，即0x_____。或为12小时制，则小时寄存器的值为_____，即0x_____。

若设定的时间为19点23分34秒，则分钟寄存器的值为0x_____，秒寄存器值为0x_____。

3．使用DS1302的步骤

使用DS1302的步骤总的来说就是两个大步骤，第一是设定初始时间，并使芯片开始计时；第二就是读取DS1302的相关寄存器值获取到当前的时间。其实从本质上说使用DS1302就是对其有关时间的七个寄存器的读写操作，需要注意的是这七个寄存器的读与写地址并不相同，有关其读写地址见表9-1。

通常将第一步称为初始化，这是使用DS1302的必须步骤。

（1）打开写保护。通过设定保护寄存器（其内容见表9-1）为不保护状态，可以对DS1302的各个寄存器值进行设定。

（2）对秒、分、时、日、月、周、年等寄存器设定初始值。当秒寄存器的CH位设定为低电平时，DS1302开始走时，CH位为1时停止走时。

（3）设定完毕后要关闭写保护，即将写保护位设置为1。

通过以上三步完成了DS1302的初始化设定，在后续的使用中就不必再进行初始化了。或者说初始化步骤只在第一次使用时设定。

下面就是时间信息的调取。

这里需要注意的是读取到的各个寄存器的值也是BCD码形式的，要进行转换才能正确地为单片机解读。

将BCD码转换按高四位和低四位分别转换。一般操作方法是先分离再别处理。如变量time中是获取到的某个寄存器的值，首先分离出高四位，可用time&=0xf0的或者time>>=4方法得到，低四位可用time&=0x0f得到。注意time中的值要进行副本保存，不要进行了第一步后，低四位值已经不存在了。

4．DS1302的控制字与时序

（1）控制字

对DS1302的寄存器的写操作是通过控制字完成的。其控制字为8位，如表9-2所示。

表9-2　DS1302的控制字

D7	D6	D5	D4	D3	D2	D1	D0
1	RAM / $\overline{\text{CK}}$	A4	A3	A2	A1	A0	RD / $\overline{\text{WR}}$

其各位的含义如下：

- 最高有效位D7必须是逻辑1，如果为0，则不能把数据写入DS1302中；
- D6位如果为0，则表示存取日历时钟($\overline{\text{CK}}$)数据，为1表示存取RAM数据；
- D5位至D1位用于指示要操作单元的地址；
- 最低有效位D0位如为0表示要进行写操作，如果为1表示进行读操作；
- 控制字节总是从最低位开始输出。

（2）读写时序

DS1302是按照SPI协议进行通信的。它使用的是三线制的SPI，分别是RST、SCLK和SDA三根线，是典型的同步通信。由RST控制通信能否进行，由SCLK给出同步时钟，由SDA完成数据的双向传输。

DS1302的读和写有不同的时序，如图9-2为读时序。

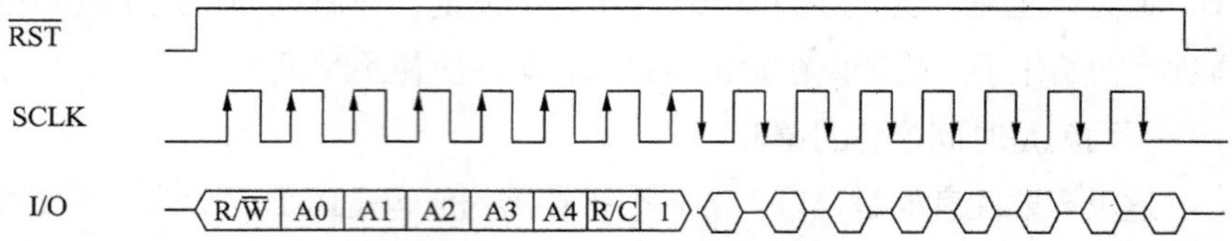

图9-2　DS1302的读时序

分析图9-2可知，读时序是分成二个部分进行的，第一个部分是写入控制字，第二部分才是读取信息。这个时序可以用这句话来精简概括：当RST信号为高电平时，在SCLK的每个上升沿写入控制字，在接下来的SCLK的每个下降沿读取获取到的信息。不论写入还是读取都是低位在前，高位在后的。

DS1302的写时序如图9-3所示。

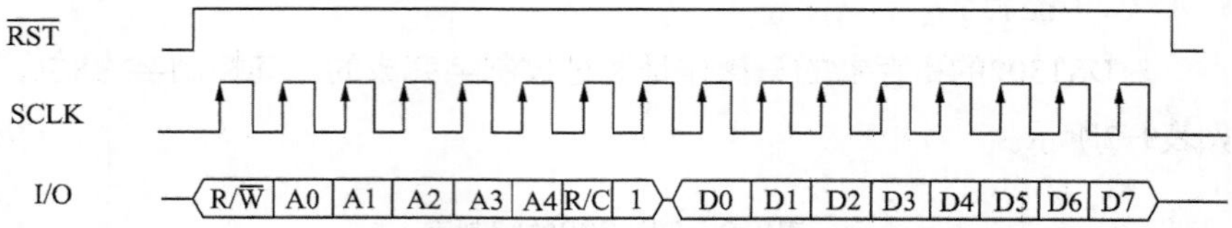

图9-3　DS1302的写时序

对比图9-2和图9-3可以发现，不论读时序还是写时序都是由两个部分构成的，且第一个部分都是写控制字，第二部分才有区别，写时序的第二个部分依然是在SCLK的每个上升沿写入数据位。

（3）使用C51语言解析读写时序

从程序设计的角度来看，读写时序都是由两部分构成的，读时序是先写后读，写时序是先写再写。写是在SCLK的上升沿完成，读是在SCLK的下降沿完成，可以分别针对这两种情况写出对应的代码：

① 使RST为高电平：

```
RST = 0;
SCLK = ___;
RST = 1;                    //必须在SCLK为低电平时，才能拉高RST
```

② 写数据的时序：

```
bit temp;                    //保存要写入的每一位数据
SCLK = 0;                    //拉低SCLK
delayus(2);                  //延时2μs
for(i=0;i<8;i++)
{
    temp = dat>>1;           //获取最低位的待传数据，dat为待传送的数据
    SDA=temp;                //向SDA写入数据
    delayus(2);              //延时2μs
    SCLK=1;                  //此处产生上升沿
    delayus(2);              //延时2μs
    SCLK = 0;                //拉低
}
```

③ 读数据的时序：

```
uchar dat;                   //dat为读取到的数据
for(i=0;i<8;i++)
{
    SCLK = 0;                //产生下降沿
    dat>> = 1;               //dat向右移动一位，空出最高位，用来存放获取到的数值
    if(SDA)                  //判断SDA获取到的是否是高电平
    dat|=0x80;               //如果是高电平，则向dat的高位写入1
    SCLK=1;                  //此处产生上升沿
    delayus(2);              //延时2μs
}
```

实验要求与步骤：

（1）实验要求

本实验项目要求使用实验板上的DS1302模块完成。

① 对DS1302进行初始化，设定当前时间为2015年1月1日0时0分0秒，并开始计时。

② 使用1602液晶显示出上下两行内容，上一行为当前获取到的年月日信息，下一行为当前的时间信息，并能动态走时。

（2）实验步骤

① 分析电路原理图，掌握实验板中DS1302模块、LCD1602模块的连接方式。

② 按照DS1302和LCD1602数据手册的读写时序，分别写出读写功能的程序实现编码。

③ 使用定时器设定每隔1s中断一次，并在中断服务程序中获取DS1302的走时信息，然后在LCD1602中显示出来。

④ 完成整体程序框架设计，进行编码与调试。

⑤ 编译后向实验板中烧录代码，运行并观察实验结果。

笔记栏

项目考核

1. 简述DS1302模块内部有几个寄存器，和时间相关的有哪几个。

2. 简述DS1302控制字的构成，以及各位的含义。

3. 请将实验中用到的定时器中断的服务程序补充完整。

```
void t0_int() interrupt              //定时器0的中断服务程序
{
    TH0 = (65536-_____)/256;         //设定为5ms中断1次
    TL0 = (65536-_____)%256;
     if(++times==_____)              //每隔1s进入1次
    {     Get_Time();                //获取DS1302的走时信息
        times=0;
    }
}
```

项目成绩

序号	项目名称	要求及评分标准	分值	项目得分
1	按时出勤	迟到、早退不得分；病事假者不得分	10	
2	实验纪律	带零食、吃零食、打闹、玩手机，以及不听从指导教师要求者不得分	20	
3	实验诚信	抄袭者不得分，全程未参与小组实验者不得分	10	
4	实验成果	未达到实验目的要求者不得分	60	
		仅部分达到实验目的，酌情扣分（30%以内）		
		其他情况		

项　目　日　志
年　　月　　日　　星期　　　　　指导教师：
年　　月　　日　　星期　　　　　指导教师：

项目十

温度传感器使用实验

项目目标

（1）学习掌握单总线的基本时序与编程；

（2）学习掌握使用DS18B20的使用方法；

（3）进一步熟练LCD1602的使用方法；

（4）深入理解实验板上DS18B20模块的电路原理图；

（5）进一步熟练程序下载、调试方法。

项目原理与内容

1．单总线的基本时序与编程

单总线故名思义就是一条总线，因此也称为1-wire或单线总线。这个总线协议是美国DALLAS公司推出的，仅仅使用一根信号线就能完成与外部设备间的双向信息交换。这根信号线既能传输时钟，又能同时传输数据，而且其工作电源也完全从总线获取，并不需要额外的电源支持，且允许直接插入热设备/有源设备。因此这种总线技术具有线路简单、硬件开销少、成本低廉、便于总线扩展与维护等特点。

（1）单总线的写时隙与读时隙

在单总线通信中，传输的同样是二进制的0和1，或者说是高、低电平。但因为单总线只有一根数据线，所以这里的0和1要通过不同的时隙来表达。单总线协议中存在着写和读两种时隙。这两种时隙如图10-1所示。

（2）单总线设备的初始化

单总线上的所有通信，都是以初始化开始的。初始化序列包括主器件发出的复位脉冲及从机的应答脉冲。通常通信开始时，先由主器件发出一个复位脉冲（主器件拉低总线480～960μs），然后释放总线等待从器件的响应脉冲，这一等待时间至少为480μs。在等待期间主器件释放了总线，因为上拉电阻的原因，总线又恢复为高电平，这一时间为15～60μs。与此同时从器件检测到引脚上的下降沿，就会向总线发出应答信号，表示已经准备就绪。接着就可以按预定的程序设计进行通信了。

笔记栏

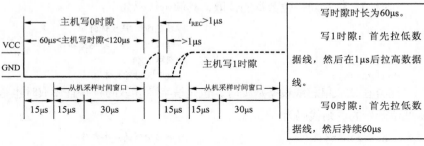

（a）写时隙

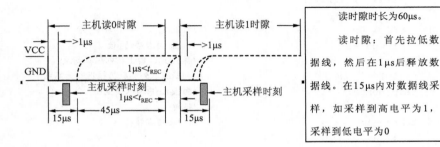

（b）读时隙

图10-1 单总线的读、写时隙

（3）使用C51程序解析单总线的读写时隙

使用C51程序解析单总线的写时隙，图10-1（a）是写一位的时隙。一般来讲，向单总线设备写入数据时，都是以字节为单位进行的。

设DQ线为单总线设备的数据线，则写一位数据的代码解析如下：

```
bit temp;                    //要写入的数据
DQ = 0;                      //先拉低DQ
DQ = temp;                   //释放
delayus(5);                  //延时至时隙结束。
```

在操作单总线设备时，写入数据是以字节为单位进行的，即要连续写入8位，这里要注意的是单总线设备的读和写都是从低位开始的。则代码为：

```
void writebyte(uchar dat)    //dat为要写入的一个字节
{
  for(i=0;i<8;i++)
  {
    DQ = 0;                  //拉低DQ
    DQ=dat&0x01;             //向DQ传输数据的最低位
```

```
delayus(5);                    //延时
DQ=1;                          //释放DQ线，由上拉电阻拉高DQ
_____;                    //dat向右移动1位
    }
  delayus(5);
}
```

读时隙同样是对一位数据的读取，其解析代码如下：

```
DQ = 0;                        //拉低DQ，产生读时隙
DQ = 1;                        //释放DQ，由上拉电阻拉高
temp=DQ;                       //获取DQ值
dealyus(5);                    //延时至时隙结束
```

同样在读取单总线设备数据时，也是按字节读取的，并且读取时也是从低位开始的。则代码为：

```
uchar readbyte( )              //返回读到的一个字节
{ uchar   temp=0;
  for(i=0;i<8;i++)
  {
    DQ = 0;                    //拉低DQ
    temp>>=1;                  //temp向右移动1位
DQ = 1;                        //释放DQ，由上拉电阻拉高DQ
if(DQ)                         //判断获取到的数据情况如为高电平
temp|=0x80;                    //向temp中写入高电平
delayus(5);                    //延时
temp>>=1;                      //temp向右移动
  }
  return _____;           //返回获取的数据值
}
```

2．DS18B20与实验板设计

DS18B20是美国DALLAS公司出品的支持单总线协议的温度传感器，与传统的热敏电阻温度传感器不同，它能够直接读出被测温度。并且可根据实际要求通过简单的编程实现9~12位的数字值读数方式。

本实验板上的电路原理如图10-2所示。

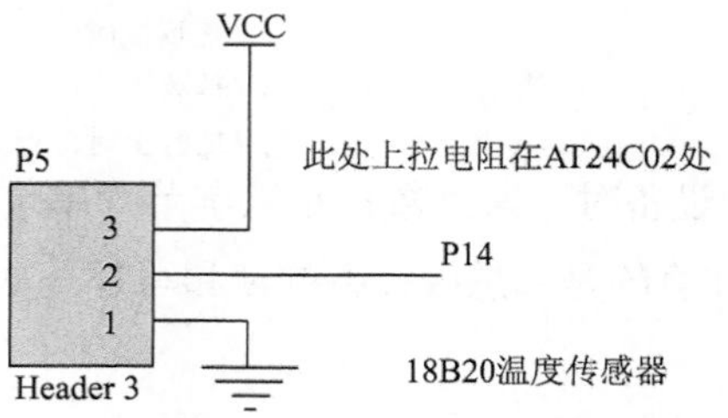

图10-2　实验板上的DS18B20

由图分析可知，该设备的DQ端接在单片机的_____引脚上。

（1）DS18B20的寄存器

DS18B20集温度检测和数字数据输出于一身，功能十分强大。

DS18B20内部有有三种类型的存储器，分别是：

① 64位ROM只读存储器。是用来存放DS18B20的ID编码，64位编码中前8位是家族编码（即产品类别编码），中间48位是芯片唯一的序列号，最后8位是以上56位编码的CRC码（冗余校验码）。这64位数据在出产时已经设置完成，用户不能更改。

② RAM数据暂存器。共有9个字节容量，主要用于内部计算和数据暂时存取，数据在掉电后会丢失。这9个字节各有分工，如表10-1所示。

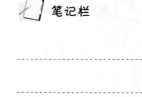

表10-1　DS18B20的数据暂存器

字节编号	寄存器名称	寄存器各位的功能及含义							
0	温度值低位字节	2^3	2^2	2^1	2^0	2^{-1}	2^{-2}	2^{-3}	2^{-4}
1	温度值高位字节	S	S	S	S	S	26	25	24
2	报警 TH 寄存器	E^2PROM 中 TH 的副本，在复位时会被刷新							
3	报警 TL 寄存器	E^2PROM 中 TL 的副本，在复位时会被刷新							
4	配置寄存器	0	R1	R0	1	1	1	1	1
5	保留字节								
6	保留字节								
7	保留字节								
8	CRC 冗余校验字节	上述 8 个字节的 CRC 检验值							

表中配置寄存器的R0和R1位是用来确定温度值分辨率的，DS18B20提供四种分辨率，其默认值为11，表示当前的温度分辨率为12位。当R1R0的值分别为00、01和10时，与之对应的分辨率分别为9位、10位、11位。这四种分辨率对应的最小分辨温度值分别为0.5℃、0.25℃、0.125℃、0.0625℃。

温度值高位字节的前5位都是符号位S,如果设定的辨率低于12位时,相应地要使温度值低位字节的后几位为0。比如系统分辨率为10位时,由低字节的后2位设为0,而高位字节不变。

③ E^2PROM非易失性记忆体。主要用于存放上下限温度报警值和配置数据。DS18B20共3个字节的E^2PROM，并且都在RAM寄存器中存有镜像，方便用户进行操作。

（2）DS18B20的操作命令

DS18B20的操作命令，主要有两类，一类是ROM命令，另一类是RAM命令。

① ROM指令为8位，主要是对从器件的64位光刻ROM进行操作。

以达到了解总线挂接情况，并确定通信对象的目的。单总线上可以同时挂接多个从器件，这些从器件的64位ROM ID各不相同，如果总线上只挂接了一个18B20芯片时可以使用跳过ROM指令。ROM指令共有5条，每一个工作周期只能发一条。具体的ROM指令及其功能如表10-2所示。

表10-2　ROM 指 令

指 令 名 称	命 令	具 体 功 能
搜索 ROM	F0H	用于确定挂接在同一总线上 DS1820 的个数，识别 64 位 ROM 地址，为操作各器件作好准备
读取 ROM	33H	读 DS1820 温度传感器 ROM 中的编码（即 64 位地址），只有当总线上只存在一个 DS18B20 的时候才可以使用此指令，如果挂接不止一个，通信时将会发生数据冲突
ROM 匹配	55H	发出此命令之后，接着发出 64 位 ROM 编码，单总线上与该编码相对应的 DS1820 会作出响应，为下一步对该 DS1820 的读 / 写作准备
跳过 ROM	CCH	忽略 64 位 ROM 地址，直接向 DS1820 发温度变换命令。适用于总线上只有单个芯片工作的形式
报警搜索	ECH	执行后只有检测到的温度超过设定的上、下限值，芯片才做出响应

② RAM操作指令就是指挥DS18B20具体作何种操作的命令，这是芯片控制的关键。

RAM操作指令同样为8位长度，共6条指令，分别是写RAM数据、读RAM数据、将RAM数据复制到E²PROM、温度转换、将E²PROM中的报警值复制到RAM、工作方式切换。具体的RAM指令及其功能如表10-3所示。

表10-3　RAM指令及其功能

指 令 名 称	命令代码	具 体 功 能
温度变换	44H	启动 DS1820 进行温度转换，12 位转换时最长为 750ms（9 位为 93.75ms）。结果存入内部 9 字节 RAM 中
读暂存器	BEH	从 RAM 中读取数据，读取从 RAM 的 0 号字节开始，一直可以读取到整个 RAM 中 9 个字节的数据。在读取程中可用复位信号中止读取，忽略不读后面的字节可以减少读取时间

续表

指令名称	命令代码	具 体 功 能
写暂存器	4EH	向 RAM 中写入数据的指令,随后写入的两个字节的数据会被存储到 RAM 中 2(TH)、3(TL)两个字节中。写入过程中可以用复位信号中止写入
复制暂存器	48H	复制报警触发器 TH、TL 以及配置寄存器中第 2、3、4 字节内容到 E²PROM 中
重调 E²PROM	B8H	从 E²PROM 中内恢复报警触发器 TH、TL,以及配置寄存器中的第 2 字节、3 字节、4 字节
读供电方式	B4H	读 DS1820 的供电模式。寄生供电时,DS1820 发送 "0",外接电源供电 DS1820 发送 "1"。

③ 进行数据读写:RAM操作指令结束后则将进行指令执行或数据的读写,这个操作要视存储器操作指令而定。如执行温度转换指令则控制器(单片机)必须等待18B20执行完指令,一般转换时间为500μs。如执行数据读写指令则需要严格遵循18B20的读写时序来操作。

比如若要读出当前的温度数据需要经历两个工作周期,第一个周期内要完成为复位、跳过ROM指令、执行温度转换存储器操作指令、然后等待500μs温度转换时间;第二个工作周期依然为复位、跳过ROM指令、执行读RAM的存储器操作指令,然后才可以读到数据(最多为9个字节,中途可停止,只读简单温度值则读前2个字节即可)。其他的操作流程也大同小异,不再赘述。

DS18B20读写时隙与单总线协议要求一致。在通信时是以8位 "0" 或 "1" 为一个字节,字节的读或写是从低位开始的,即D0到D7,字节的读写顺序是自上而下的。具体的字节含义请参见表10-1。

(3)DS18B20的操作步骤

使用DS18B20进行温度检测时,需要通过如下几个步骤:

① 发出复位信号;

② 发出跳过ROM命令(0xCC);

③ 发出温度转换命令(0x44);

④ 延时;

⑤ 再次发出复位信号;

⑥ 发出跳过ROM命令(0xCC);

⑦ 发出读暂存器命令(0xBE);

⑧ 连续读出两个字节的温度数据,即为温度的低字节和高字节;

⑨ 对获取的温度进行处理,并通过数码管或LCD显示出来。

实验要求与步骤：

1．实验要求

本实验项目要求使用实验板上的DS18B20模块完成。

① 对DS18B20进行初始化，获取实时温度。

② 使用1602液晶显示出上下两行内容：

上一行为提示信息"Temperature:"，下一行为当前的温度信息。

2．实验步骤

① 分析电路原理图，掌握实验板中DS18B20模块、LCD1602模块的连接方式。

② 按照DS18B20和LCD1602数据手册的读写时序，分别写出读写功能的程序实现编码。

③ 使用定时器设定每隔1s中断一次，并在中断服务程序中获取DS18B20的温度信息，然后在LCD1602中显示出来。

④ 完成整体程序框架设计，进行编码与调试。

⑤ 编译后向实验板中烧录代码，运行并观察实验结果。

项目考核

1．DS18B20模块内部有哪几个寄存器？

2．简述单总线协议的读、写时隙。

3．DS18B20温度传感器获取的温度信息为两个字节，如何从这两个字节中得到实时的温度信息。

4、简述使用DS18B20获取实时温度的步骤。

项目成绩

序号	项目名称	要求及评分标准	分值	项目得分
1	按时出勤	迟到、早退不得分；病事假者不得分	10	
2	实验纪律	带零食、吃零食、打闹、玩手机，以及不听从指导教师要求者不得分	20	
3	实验诚信	抄袭者不得分，全程未参与小组实验者不得分	10	
4	实验成果	未达到实验目的要求者不得分	60	
		仅部分达到实验目的,酌情扣分（30%以内）		
		其他情况		

笔记栏

项　目　日　志

年　　月　　日　　星期　　　　　　　指导教师：

年　　月　　日　　星期　　　　　　　指导教师：

参考答案

项 目 一

项目考核：

1. （1）P10，P11。

（2）两，U9，P11，P13，0。

（3）U7，P0，P12，0，限制电流保护电路。

（4）上电。

（5）设备管理器。

2. （1）P0=0xff;

P1^2=1;

P1^2=0;

（2）P0=0xff;

P1^1=1;

P1^1=0;

（3）P1^3=1;

P0=0;

P1^3=0;

项 目 二

项目考核：

1. ```
uchar code disp[8]={0xfe,0xfd,0xfb,0xf7,0xef,0xdf,0xbf,0x7f};

void delay(uchar ms)
{
    uchar x,y;
    for(x=ms;x>0;x--)
        for(y=113;y>0;y--);
```
```

```
    }

    while(1)
    {
        for(i=0;i<8;i++)
        {
            P0=disp[i];
            delay(500);
        }
    }
```

2. 代码1

```c
#include<reg52.h>
#define uchar unsigned char
#define uint unsigned int

sbit led=P1^2;
sbit dianzhen=P1^3;
sbit wei=P1^1;

void delay(uchar ms)
{
    uchar x,y;
    for(x=ms;x>0;x--)
        for(y=113;y>0;y--);
}
void main()
{
    uchar a,i;
    a=0xfe;
    P0=0xff;
    wei=1;
    wei=0;
    P0=0;
    dianzhen=1;
    dianzhen=0;
    while(1)
    {
        for(i=0;i<8;i++)
        {
            led=1;
            P0=a;
            led=0;
            a=~a;
            a=a<<1;
            a=~a;
            delay(500);
        }
        a=0xfe;
    }
}
```

代码2：

```
#include<reg52.h>                    //头文件
#include<intrins.h>
#define uchar unsigned char
#define uint unsigned int
sbit Leden=P1^2;                     //LED灯控制端，高导通
uchar  i;                            //定义变量

void delay(uchar ms)
{
    uchar x,y;
    for(x=ms;x>0;x--)
        for(y=113;y>0;y--);
}

void main()
{
    uint  k;
    i=0xfe;
    while(1)
    {
        for(k=0;k<7;k++)             //for 循环，执行8次
        {
            P0=i;                    //把i的值0XFE赋给P0口
            delay(100);
            i=_crol_(i,1);           //流水灯左移位
        }
        for(k=0;k<7;k++)
        {
            P0=i;                    //把i的值0XFE赋给P0口
            delay(100);
            i=_cror_(i,1);           //流水右移
        }
    }
}
```

项 目 三

实验要求与步骤：

送段选码方法：

sbit duan=P1^0;
P0=0x6d;
duan=1;
duan=0;

送位选码方法：

sbit wei=P1^1;
P0=0x7f;

笔记栏

笔记栏

```
wei=1;
wei=0;
```

数码管消隐方法：

```
P0=0xff;
wei=1;
wei=0;
```

数码管动态显示"20142015"时的段选码：

```
unsigned char code tab[]={0x5b,0x3f,0x06,0x6d}; //2015的共阴极码
```

参考代码：

扫描下方二维码，获取项目三参考代码。

项目考核：

1. 七，阴，阳，阴，阴，阳，阳。

2. 阴，阳，段选，位选，段选，位选。

3. 100～200，5～10。

4.
```
#include<reg51.h>

#define uchar unsigned char

sbit wei=P1^1;                    //位控制端
sbit duan=P1^0;                   //段控制端
uchar code table1[]={0x5b,0x3f,0x06,0x6d,0x5b,0x3f,0x06,0x6d};
uchar code table2[]={0xfe,0xfd,0xfb,0xf7,0xef,0xdf,0xbf,0x7f};

void delay(uchar ms)
{
    uchar i,j;
    for(i=ms;i>0;i--)
        for(j=113;j>0;j--);
```

```
    }
    void main()
    {
        uchar i;
        while(1)
        {
            for(i=0;i<8;i++)              //for循环
            {
                P0=table1[i];
                duan=1;
                duan=0;
                P0=table2[i];
                wei=1;
                wei=0;
                delay(5);
            }
        }
    }
```

项 目 四

实验要求与步骤：

4*4矩阵键盘行列反转法的键盘编码表

键位	编码	键位	编码	键位	编码	键位	编码
0	0x7e	4	0x7d	8	0x7b	12	0x77
1	0xbe	5	0xbd	9	0xbb	13	0xb7
2	0xde	6	0xdd	10	0xdb	14	0xd7
3	0xee	7	0xed	11	0xeb	15	0xe7

对照原理图及项目三有关情况，写出数码管显示代码。

```
void display(unsigned char content)
{
    P0=0xff;                      //数码管消影
    wei=1;
    wei=0;
    P0=duantable[content];        //给出段选码
    duan=1;
    duan=0;
    P0=0xfe;                      //给出位选码
    wei=1;
    wei=0;
    delayms(2);
}
```

对照行列反转的原理，写出键盘扫描代码。

笔记栏

```
unsigned char keyscan()
{
    unsigned char keytmp,keytmp1,Keycode,j;    //声名程序变量
    P2=0xf0;                                    //由P2送出0xf0
    keytmp=P2&0xf0;
    if(keytmp!=0xf0)                            //检测有键位按下
    {
        delayms(10);                            //延时去抖
        if((P2&0xf0)!=0xf0)                     //再次判断，是否真的按键了
        {
            keytmp=P2&0xf0;             //得到列线值
            P2=0xff;                   //行列反转
            P2=keytmp|0x0f;
            keytmp1=P2&0x0f;           //得到行线值
            Keycode=keytmp+keytmp1;    //将行线列线组合在一起构成编码
            for(j=0;j<16;j++)
            {
                if(Keycode==table[j])
                {
                    return j;
                }
            }
        }
    }
    return 0xff;
}
```

参考代码：

扫描下方二维码，获取项目四参考代码。

项目考核：

1. 提示：RS触发器。

2. 软件去抖的实质在检测到按键后，限制性一段延时子函数，避开抖动时间，再去进行按键检测，以此来达到去除按键抖动的目的。

3.
```c
#include<reg51.h>

#define uchar unsigned char
#define uint unsigned int

sbit wei=P1^1;  //位控制端
sbit duan=P1^0; //段控制端

uchar code keytable[]={0xee,0xde,0xbe,0xed,0xdd,0xbd,0xeb,0xdb,0xbb,0xe7,0xd7,0xb7};
uchar code dsptable[]={0x06,0x5b,0x4f,0x66,0x6d,0x7d,0x07,0x7f,0x6f,0x40,0x3f,0x40};

void delay(uint ms)
{
    uchar i,j;
    for(i=ms;i>0;i--)
        for(j=113;j>0;j--);
}
uchar scan()
{
    uchar tempR,tempL,key,j;
    P2=0xf0;
    tempL=P2&0xf0;
    if(tempL!=0xf0)
    {
        delay(10);
        if((P2&0xf0)!=0xf0)
        {
            tempL=P2&0xf0;
            P2=0xff;
            P2=tempL|0x0f;
            tempR=P2&0x0f;
            key=tempL+tempR;
            for(j=0;j<16;j++)
            {
                if(key==keytable[j])
                    return j;
            }
        }
    }
    return 99;
}
void display(uchar i)
{
    P0=dsptable[i];
    duan=1;
    duan=0;
```

```
        P0=0;
        wei=1;
        wei=0;
    }
    void main()
    {
        while(1)
        {
            display(scan());
            delay(5);
        }
    }
```

项 目 五

实验要求与步骤:

仔细观察本实验板,可以看到实验板上晶振的频率是 11.0592 MHz,即一个计数单位时长是 1 μs.这里应用的计算公式TP= 12 / f_{osc} .

本实验项目要达到20ms的定时,使用公式N= T / TP ,就可以计算出计数的数量值。接着要确定定时器的工作方式,从方便和使用的角度看,本例以方式 1 比较合适。(本项目应用定时器T0)

确定工作方式后,即可确定计数的初值了。

计数初值为:

TH0=(65536-20000)/256

TL0=(65536-20000)%256

写出定时器0的中断服务程序。

```
void timer0() interrupt   1
{
    TH0=(65536-20000)/256;
    TL0=(65536-20000)%256;
    if(flag==1)      flag=0;         //flag为定时已达到的标志
}
```

程序编写与调制:

依据以上分析,写出初始化代码如下:

```
uchar hang=0xf0;          //键盘行线
uchar lie=0x0f;           //键盘的列线
sbit duan=P1^0;           //数码管的段选控制线
sbit wei=P1^1;            //数码管的位选控制线
uchar code table[]={0x3f,0x06,0x5b,0x4f,0x66,0x6d,0x7d,0x07,0x7f,0x6f};
                          //数码管的共阴码(段选码)
sbit led=P1^2;            //流水灯的控制线
```

```
sbit dianzhen=P1^3;          //LED点阵的控制线
```

使用定时器时也要进行初始化，初始化定时器的过程如下：

```
TMOD=0x01;                   //设定定时器工作方式
TH0=(65536-20000)/256;       //TH0的初值
TL0=(65536-20000)%256;       //TL0的初值
EA=1;                        //开放系统总中断
ET0=1;                       //开放定时器0的中断
TR0=1;                       //启动定时器0
```

定义键盘扫描函数名为keyscan()，每隔 20 毫秒调用一次，其调试用代码如下：

```
while(1)
{
    if(flag==0)
    {
        tmp=keyscan();
        display(tmp);
    }
}
```

参考代码：

扫描下方二维码，获取项目五参考代码。

项目考核：

1. 填充IE寄存器的位定义表格，注明各位定义的含义

IE 寄存器	D7	D6	D5	D4	D3	D3	D1	D0
位定义	EA	未使用	ET2	ES	ET1	EX1	ET0	Ex0
对应中断源	系统总中断		T2	TI/RI	T1	INT1	T0	INT0

含义：EA：全部中断控制位；

笔记栏

ET2：52单片机中定时器/计算机2的中断控制位（对51单片机无效）；

ES：串行口的中断控制位；

ET1：定时器T1的中断控制位；

EX1：外部中断1的中断控制位；

ET0：定时器T0的中断控制位；

EX0：外部中断0的中断控制位；

2. 填充IP寄存器的位定义表格，注明各位定义的含义。

IP 寄存器	D7	D6	D5	D4	D3	D3	D1	D0
位定义	未用	未用	PT2	PS	PT1	PX1	PT0	PX0
对应中断源			T 2	TI/RI	T1	INT1	T0	INT0

含义：PT2：52单片机的定时器T2的优先级设定（对51单片机无效）；

PS：串行口的优先级设定；

PT1：定时器T1的优先级设定；

PX1：外部中断1的优先级设定；

PT0：定时器T0的优先级设定；

PX0：外部中断0的优先级设定。

3. 工作方式0：TH0=(8192-N)/256;

　　　　　　　TL0=(8192-N)%256。

工作方式1：TH0=(65536-N)/256;

　　　　　　　Tl0=(65536-N)%256。

工作方式2：TH0=256-N;

　　　　　　　TL0=256-N。

工作方式3：TH0=256-N;

　　　　　　　TL0=256-N。

4. 在工作方式3中，TL0可以作为定时器或者计数器，它使用T0的控制位TR0和TF0来进行启动和中断控制；而TH0此时只能工作于定时器模式，它需要使用T1的控制位TR1和TF1来进行启动和中断控制。

项 目 六

项目原理与内容：

结束信号

```
void stop()
{
    SDA=0;          //SDA拉低
    delay();        //延时维持SDA状态
    SCL=1;          //SCL 拉高
    delay();        //延时维护SCL状态
    SDA=1;          //拉高SDA
    delay();        //延时
}
```

可以看到该芯片的SDA即数据线由P3^2引脚连接，而SCL即时钟线由P3^3引脚连接。

由以上分析可知该芯片的读地址为0x01，写地址为0x00。

写入一个字节的实现：

```
void writebyte(uchar dat)
{
    uchar i,temp;
    temp=dat;
    for(i=0;i<8;i++)
    {
        temp=temp<<1;
        SCL=0;                  //拉低SCL
        delay();
        SDA=CY;
        delay();
        SCL=1;
        delay();
    }
    SCL=0;
    delay();
    SDA=1;
    delay();
}
```

读取一个字节的实现：

```
uchar readbyte()
{
    uchar n,k=0;
        SCL=0;
        delay();
        SDA=1;
        delay();
    for(n=8;n>0;n--)
    {
        SCL=1;
        delay();
        k=(k<<1)|SDA;
        SCL=0;
        delay();
```

```
        }
    return k;
}
```

向指定地址写信息的实现：

```
void write_add(uchar address,uchar dat)
{
    start();
    writebyte(0x00);
    ack();
    writebyte(address);
    ack();
    writebyte(dat);
    ack();
    stop();
}
```

读取指定地址保存的信息：

```
uchar read_add(uchar address)
{
    uchar dat;
    start();
    writebyte(0x00);
    ack();
    writebyte(address);
    ack();
    start();
    writebyte(0x01);
    ack();
    dat=readbyte();
    stop();
    return dat;
}
```

实验要求与步骤：

参考代码：

扫描下方二维码。

项目考核：

1. 主器件发出开始信号；

主器件发出芯片的写地址并等待应答；

收到应答后，主器件发出要读取信息的地址并等待应答；

收到应答后，主器件再次发出芯片读地址并等待应答；

收到应答后，主器件读取信息，直到无应答信息或结束信号。

2. 主器件发出开始信号；

主器件发出芯片的写地址并等待应答；

收到应答后，主器件发出要写入的地址并等待应答答；

收到应答后，主器件发出一个字节的数据，并等待应答；

数据传输完毕，主器件发出结束信号。

项 目 七

项目原理与内容：

0x90，0x91。

0V，3.3V，略（以实际测量为准）。

实验要求与步骤：

参考代码：

扫描下方二维码，获取项目七参考代码。

项目考核：

1. ① 发出起始信号；

② 发送PCF8591的写地址；

③ 应答信号；

④ 发送PCF8591的控制字；

⑤ 应答信号；

⑥ 发送需要转换的数值；

⑦ 应答信号；

⑧ 完成转换。

2. ① 发送起始信号；

② 发送写地址信号；

③ 应答信号；

④ 读转换结果；

⑤ 应答信号；

⑥ 继续读转换结果或结束。

项 目 八

项目原理与内容：

1. P1^5,P1^6,P1^7,0。

2. 0xb2,0x80,0x42。

3. 0,0,0,

　　1,0,0,

　　1,0,P0。

项目要求与步骤：

　参考代码：

扫描下方二维码，获取项目八参考代码。

项目考核：

1. 三种寄存器：CGROM，CGRAM，DDRAM。

（1）CGROM是字模的存储空间也叫字符发生器，1602液晶所能显示字符的字模就存储在这里。

（2）CGRAM是用户自定义字模的存储区。

（3）DDRAM是一个80字节的RAM，是字符显示的缓冲区。

2. 在使用指令写入显示地址时，要将DDRAM的地址与0x80相加。

项　目　九

项目原理与内容：

（1）P3^3,P3^4,P3^2；

（2）00011001,19,10100111,a7,23,24；

（3）0。

项目要求与步骤：

参考代码：

扫描下方二维码，获取项目九参考代码。

项目考核：

1. DS1302内部有12个寄存器，其中有7个寄存器与时钟相关，分别为秒、分、时、天、月、周、年。

2. 构成：

D7	D6	D5	D4	D3	D2	D1	D0
1	RAM	A4	A3	A2	A1	A0	RD
	CK						WR

（1）最高有效位D7必须是逻辑1，如果为0，则不能把数据写入DS1302中；

（2）D6位如果为0，则表示存取日历时钟数据，为1表示存取RAM数据；

（3）最低有效位D0位如果为0表示要进行写操作，如果为1表示进行读操作；

（4）D5～D1位用于指示要操作单元的地址；

（5）控制字节总是从最低位开始输出。

3．1，5000，5000，200。

项　目　十

项目原理与内容：

（1）dat>>=1,temp。

（2）P1^4。

项目要求与步骤：

参考代码：

扫描下方二维码，获取项目十参考代码。

项目考核：

1．三个寄存器，64位ROM 只读存储器，RAM数据暂存器，EEPROM非易失性记忆体。

2．在单总线通信中，传输的同样是二进制的0和1，或者说是高、低电平。但因为单总线只有一根数据线，所以这里的0和1要通过不同的时隙来表达。

写时隙时长位60 μs。

写1时隙：首先拉低数据线，然后在1 μs后拉高数据线。

写0时隙：首先拉低数据线，然后持续60 μs。

读时隙长为60 μs。

读时隙：首先拉低数据线，然后在1 μs后释放数据线。在15 μs内对数据线采样，如采样到高电平为1，采样到低电平为0。

3．DS18B20温度传感器获取两个字节的温度信息。一个高字节信息，一个低字节信息。将这两个字节进行组合，高位左移8位与低位进行或运算组成一个两字节信息。该信息即为最终温度。

4．（1）使用单总线协议初始化DS18B20。

（2）由主器件发送ROM指令。

（3）发送RAM操作指令。

（4）进行数据读写。

（5）对获取数据进行处理，得到最终温度。

笔记栏

附录

图形符号对照表

序　号	名　称	国家标准的画法	软件中的画法
1	按钮开关		
2	电解电容器		
3	晶体管		
4	接地		
5	二极管		
6	发光二极管		
7	电阻器		